长城国家文化公园内蒙古段建设研究

CHANGCHENG GUOJIA WENHUA GONGYUAN
NEIMENGGU DUAN JIANSHE YANJIU

宋　蒙／著

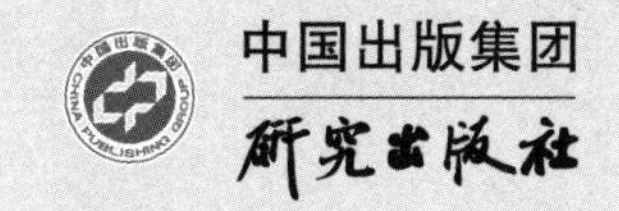
中国出版集团
研究出版社

图书在版编目 (CIP) 数据

长城国家文化公园内蒙古段建设研究 / 宋蒙著. --
北京：研究出版社，2022.7
ISBN 978-7-5199-1257-4

Ⅰ. ①长… Ⅱ. ①宋… Ⅲ. ①长城 – 国家公园 – 建设 – 研究 – 内蒙古 Ⅳ. ①S759.992.26

中国版本图书馆CIP数据核字(2022)第106013号

出 品 人：赵卜慧
出版统筹：张高里　丁　波
责任编辑：寇颖丹
助理编辑：何雨格

长城国家文化公园内蒙古段建设研究

CHANGCHENG GUOJIA WENHUA GONGYUAN NEIMENGGU DUAN JIANSHE YANJIU

宋蒙　著

研究出版社 出版发行

（100006　北京市东城区灯市口大街100号华腾商务楼）

北京中科印刷有限公司　新华书店经销

2022年7月第1版　2022年7月第1次印刷

开本：710毫米 × 1000毫米　1/16　印张：12.75

字数：168千字

ISBN 978-7-5199-1257-4　定价：48.00元

电话（010）64217619　64217612（发行部）

目录

CONTENTS

第二章　内蒙古长城国家文化公园的建设基础

第三章　非物质文化遗产与内蒙古长城文化

第一章

CHAPTER 01

国家文化公园的建设思想和理论依据

一、国家文化公园是习近平新时代中国特色社会主义思想的最新发展成果

长城、大运河、长征、黄河、长江国家文化公园饱含着中华民族五千多年优秀传统文化的精华，是习近平新时代中国特色社会主义思想的积极成果。党的十九大报告中，习近平总书记强调：“中国特色社会主义文化，源自中华民族五千多年文明历史所孕育的中华优秀传统文化，熔铸于党领导人民在革命、建设、改革中创造的革命文化和社会主义先进文化，植根于中国特色社会主义伟大实践。”报告把中国特色社会主义文化和中华优秀传统文化联系起来，中华优秀传统文化是中国特色社会主义文化的“根和脉”，是中国特色社会主义文化的一个源头。回顾历史，才能展望未来，国家文化公园不仅是国家级的公园，更是对国家和民族历史的回顾与认知。

习近平总书记指出：“发展中国特色社会主义文化，就是以马克思主义为指导，坚守中华文化立场，立足当代中国现实，结合当今时代条件，发展面向现代化、面向世界、面向未来的，民族的科学的大众的社会主义文化，推动社会主义精神文明和物质文明协调发展。要坚持为人民服务、为社会主义服务，坚持百花齐放、百家争鸣，坚持创造性转化、创新性发展，不断铸就中华文化新辉煌。”国家文化公园概念的提出，是新时代中国特色社会主义的发展结果，旨在从优秀传统文化中找到根源，为中国特色社会主义的发展找到深厚的历史底蕴和文化根基。在实现“两个一百年”奋斗目标、实现中华民族伟大复兴中国梦新的长征路上续写新的篇章，创造新的辉煌。

党的十九届五中全会站在党和国家事业发展全局高度，明确提出到

2035年建成文化强国的战略目标，并对如何实现这一战略目标做出新的谋划和部署。这是党的十七届六中全会提出建设社会主义文化强国以来，党中央首次明确建成文化强国的具体时间表，标志着我们党对文化建设重要地位及其规律认识的深化，为在全面建设社会主义现代化国家新征程中推动建成文化强国提供了行动指南，为我们深刻认识新时代文化建设新使命、创造中华文化新辉煌明确了前进方向。国家文化公园的提出和建设，不仅是文化强国的重要战略步骤，更是习近平新时代中国特色社会主义思想的最新成就。

二、国家文化公园建设秉承着顶层设计、整体部署、实践先行的原则

世界百年未有之大变局加速演进，文化软实力在国家综合国力中的地位和作用越来越重要。只有努力建成社会主义文化强国，才能在世界百年未有之大变局的时代背景下，把新时代中国特色社会主义伟大事业不断推向前进，继续向着实现中华民族伟大复兴的目标进发。2019年，《长城、大运河、长征国家文化公园建设方案》由中共中央办公厅、国务院办公厅共同印发，对国家文化公园建设做出了整体部署。作为我国文化建设中的一大盛举，这对我国重要文化资源保护和开发具有顶层设计的重要意义。

国家文化公园建设是新时代社会主义文化建设的全新探索，其概念为全球首创，为实践先行的建设模式。国家文化公园和国家公园并不是同义重复的概念，国家文化公园的建设也不同于以往的国际经验和国际范例。国家文化公园的设计和建设，旨在凸显华夏民族五千多年光辉灿烂的文明和中国文化软实力。习近平总书记多次强调，要让文物说话、让历史说话、让文化说话，推动中华优秀传统文化创造性转化、创新性发展。“万

里长城”“千年运河”“两万五千里长征”“母亲河”是中华民族的重要文化符号，也是中国精神的重要载体，以此为主题建设国家文化公园，显然可以极大整合我国文化文物资源，打造我国文化设施的“旗舰”和“航母”，既有利于发挥文物文化在文化教育、公共服务、旅游观光、休闲娱乐、科学研究等方面的重要作用，更有利于增强中华文化的整体辨识度，推动中华文化识别体系和话语体系建设。

三、统筹规划、传承保护、合理利用、形态活化的建设思路

1．长城国家文化公园建设情况

长城是我国现存规模最大的历史、文化遗产。我国各历史时期的长城分布范围广泛，涉及北京、天津、河北等15个省（区、市）的404个县（区、市），遗存总计43000余处。北京八达岭长城、河北金山岭长城等长城资源，早已成为著名的文化旅游景点。国家文化公园的建设，对这些地区的长城资源更多起到的是规范、提升的作用。长城国家文化公园，包括战国、秦、汉长城，北魏、北齐、隋、唐、五代、宋、西夏、辽具备长城特征的防御体系，以及金界壕，明长城。涉及北京、天津、河北、山西、内蒙古、辽宁、吉林、黑龙江、山东、河南、陕西、甘肃、青海、宁夏、新疆15个省（区、市）。

万里长城之精华在河北，而河北长城之精华是明长城，河北长城则看唐山。唐山境内的长城均属于明代修筑，是明长城中的精华段，保存完好，历史遗存丰富。明朝统治者为了加强长城的防御功能，将长城沿线划分为九镇，即九个防御区。九镇中的蓟镇长城东起山海关，西至居庸关，拱卫京师，是明长城中最重要的一镇。唐山境内的长城即为当时蓟镇之下的蓟州镇管辖，镇府就在今迁西县三屯营。这个时期的长城发展了砖砌、

砖石混砌等新的构筑方法，长城也从之前孤立的城墙发展为由城墙、关隘、烽火台等共同组成的防御体系。按目前的行政区划分，唐山市境内的长城沿燕山山脉分布于迁安市、迁西县和遵化市北部山区，东起迁安市的徐流口，与秦皇岛境内长城相连，向西延伸穿越迁西县，至遵化市东陵乡楦子口，过天津境后，再经承德，与北京市内长城相接，长达200千米。长城沿线有关隘29处、敌楼603座、烽火台82个，白羊峪、红峪口、青山关、喜峰口等段落保存完好。长城周边的历史文化资源包括历史遗迹遗存和历史文化名村名镇，有国家级文物保护单位4处、省级文物保护单位17处，其中，古文化遗址11处、古建筑4处、古墓葬3处、石刻2处，以及近现代文物1处，另外还有3处历史文化名村名镇；唐山长城周边的红色文化资源包括抗日战争遗址、革命烈士陵园及纪念地等，其中被评为国家级和省级爱国主义教育基地的有4处；宗教文化旅游资源也极为丰富，有以佛教著称的凤凰山，有佛、道、儒三教合一的景忠山、万佛园等。此外，唐山长城周边地区还存在大量的民俗文化活动，如迁安手工布鞋制作技艺、迁西老张家酒古法酿造技艺、遵化皮影戏等。

建设国家文化公园，是以习近平同志为核心的党中央作出的重大决策部署，是推动新时代文化繁荣发展的重大文化工程。要进一步贯彻落实习近平总书记重要指示精神和党的十九届五中全会关于文化建设战略决策，提高政治站位，深刻把握长城作为中华民族象征的重要地位，充分认识长城文化在弘扬民族精神方面的重要价值和作用，把长城国家文化公园建设成为传承中华文明的历史文化走廊、中华民族共同精神家园、代表国家水准和展示国家形象的亮丽名片、提升人民生活品质的文化和旅游体验空间。要坚持国家站位、突出国家标准，彰显文化内涵、弘扬文化精神，加快推进各项重大任务有效落实。要科学谋划布局四类主体功能区，严格划定管控保护区、准确定位主题展示区、创新打造文旅融合区、合理发展传统利用区。要扎实推进保护传承、研究发掘、环境配套、文旅融合、数字再现等五大工程。

长城国家文化公园河北段的建设要坚定不移深入贯彻习近平总书记重要指示和党中央决策部署，以高度的政治自觉抓好长城国家文化公园建设。要坚持有效保护传承利用，严格落实“保护为主、抢救第一、合理利用、加强管理”方针，努力将长城国家文化公园河北段打造成为精品工程和标杆工程。要坚持弘扬中华优秀传统文化，深入实施“文化+”和“旅游+”战略，高标准高质量推进项目建设，加快文化旅游产业高质量发展，为建设社会主义文化强国贡献河北力量。在长城国家文化公园河北段建设中，着力突出以“众志成城·雄关天下”山海关、“坚韧自强·金山独秀”金山岭、“和平开放·大好河山”大境门、“自信自强·冬奥胜景”崇礼四个重点段为引领，精心构筑民族性、世界性兼容的长城文化地标、文化名片。

在具体实施方面，文化和旅游部牵头制定《长城国家文化公园建设实施方案》，明确建设范围、建设内容、建设目标和主要任务，提出36项具体工作，并制定重点工作部内分工方案。要完善国家文化公园建设管理体制机制，构建中央统筹、省负总责、分级管理、分段负责的工作格局，强化顶层设计、跨区域统筹协调，在政策、资金等方面为地方创造条件。同时，形成《长城国家文化公园重大工程建设方案》，初步梳理出一批国家及省级层面重点项目。加强与国家开发银行等金融机构对接，完善多元化投融资机制，加快推进实施长城国家文化公园重大工程。

长城河北段的建设要对标中办、国办建设方案，将长城国家文化公园建设与京津冀协同发展、2022冬奥会筹办等统筹推进，在文化和旅游部的指导下，率先编制完成《长城国家文化公园（河北段）建设保护规划》，沿燕山、太行山脉串联起两带、四段、多点的空间布局和展示体系，同步指导各市编制好市级规划。

2. 大运河国家文化公园建设情况

大运河国家文化公园包括京杭大运河、隋唐大运河、浙东运河3个部分，通惠河、北运河、南运河、会通河、中（运）河、淮扬运河、江南运河、浙东运河、永济渠（卫河）、通济渠（汴河）10个河段，涉及北京、天津、河北、江苏、浙江、安徽、山东、河南8个省市，所涉空间范围极广，文化遗产众多。建设国家文化公园，在国际上无先例可循，亟须合理统筹规划。

大运河国家文化公园建设以江苏段为试点。在江苏境内，大运河由北而南流经徐州、宿迁、淮安、扬州、镇江、常州、无锡、苏州8个城市，纵贯700千米，“应运而生，应运而盛”，是运河沿线城市共同的历史传奇。大运河江苏段有7个遗产区、28个遗产点被列入世界文化遗产名录，沿河堤、闸、桥、庙、河段、码头，碑刻、古镇、名人遗迹、故事传说、风情习俗不胜枚举。其中，大运河江苏段沿途的非物质文化遗产资源非常丰富，所涉及的非物质文化遗产种类繁多，有民间文学、传统音乐、传统舞蹈、传统戏曲、曲艺、传统美术、传统技艺、传统医药、民俗及传统体育、游艺与杂技等方面内容。600余项非遗成果，其中国家级4项、省级22项、市级133项、区县级400多项。国家级非物质文化遗产代表性传承人1名，省级非物质文化遗产代表性传承人11名，市级非物质文化遗产代表性传承人142名，非物质文化遗产传承基地2个。

由于运河是一种特殊的水系形态，它是人工有目的、有规划建设起来的，与水利、水运、区域发展、城镇建设的关系更加密切。江苏省在大运河国家文化公园规划中初步确立了五大分区、六大文化高地的区划体系，提出建设好大运河国家文化公园，要努力实现几大转换。运河研究还要考察沿运河一线的城镇悠久的历史和繁华的昨天，进一步推进大运河国家文化公园的建设。

3. 长征国家文化公园建设情况

2020年出台的《长征国家文化公园建设工作方案》将江西段、贵州段、福建段列为长征国家文化公园重点建设区，其中贵州为长征国家文化公园的试点省份。按照要求，长征国家文化公园贵州重点建设区将于 2021年基本完成建设。贵州作为长征国家文化公园重点建设区，力争打造成为集保护传承、发掘研究、爱国教育、文旅融合、数字展示等功能于一体的国家文化公园建设样板。贵州省委、省政府高度重视长征国家文化公园的建设工作，成立了工作领导小组，印发了《长征国家文化公园贵州重点建设区工作方案》，明确了工作时间表、路线图、任务书，对重点工作进行了安排部署。

长征国家文化公园是由一系列长征历史事件串联而成的线状国家文化公园。长征精神的呈现与弘扬，依赖于历史事件的展示。因而，长征国家文化公园需在长征文物保护的基础上，以史实为线索，注重长征的线性叙事和连续叙事。以现代理念和表达，再现宏伟历史，演绎长征文化新时代意义，实现社会效益和经济效益有机统一。2019年12月，贵州省深入贯彻落实《长城、大运河、长征国家文化公园建设方案》要求，坚持“服务大局、研究先行、突出主题、因地制宜、创新引领、强化落实”的工作原则，编制了《长征国家文化公园贵州重点建设区建设保护规划》。该规划在深入贯彻落实习近平总书记重要讲话精神和中央文件要求的基础上，对国家文化公园的产生背景、重大意义、总体目标进行了解读，明确了建设指导思想，并结合长征伟大意义，提出了长征国家文化公园建设的七项基本原则：保护优先，强化传承；文化引领，彰显特色；总体设计，统筹规划；积极稳妥，改革创新；因地制宜，分类指导；红色基调，教育为主；开放合作，共享发展。

长征作为红色旅游的标志，主要展示和依托的是红军长征的相关历史事件。习近平总书记在贵州视察指导工作时指出，贵州风景名胜资源丰富，自然风景和古朴浓郁的民族风情交相辉映，红色文化资源丰富，这为发展旅游业提供了得天独厚的条件。要丰富旅游生态和人文内涵，实现旅游业高质量发展。贵州作为红军长征“生死攸关命运转折之地、出奇制胜突出重围之地、革命精神集中孕育之地、顾全大局团结见证之地、扩红显著火种广播之地”，其发展定位是：构建国家形象、彰显中华文化的重要标志；讲好长征故事、开展革命教育的核心载体。

贵州的红色文化与旅游资源极为丰富，有遵义会议、黎平会议、猴场会议、苟坝会议、盘县会议等会议旧址，留下了四渡赤水、强渡乌江、娄山关大捷、乌蒙山回旋战等重要战役遗迹。根据中共中央党史和文献研究院以及中国国家博物馆的党史专家对长征史实的梳理，将中央红军长征线路划分为13个一级事件片区，分别是长征出发、突破前三道封锁线、湘江战役、通道转兵、强渡乌江、遵义会议、四渡赤水、巧渡金沙江、强渡大渡河、飞夺泸定桥、翻越夹金山、穿越草地、三军会师。现有长征不可移动文物753个点，其中全国重点文物保护单位8处75个点，省级文物保护单位170处196个点，市、县级文物保护单位162个点，未定级的有320个点。贵州长征文化文物资源具有如下特点：一是地域分布广，类型齐全。转战路线和停留时间长，全省9个市州均有长征遗址遗迹、路线。重要会议旧址、重要机构驻地、重大事件发生地、战役旧址、战斗遗址、渡口、重要人物故居或行居、红军标语、烈士墓烈士陵园、纪念设施等均有涉及。二是长征文物数量大、保护级别高，国保单位、省保单位数量位居全国第一，在资源数量及质量方面有着很大的优势。三是特色鲜明，特别是以“遵义会议”“四渡赤水”等为代表的重要历史事件及相关文物，在全国乃至世界范围内拥有极高知名度。四是资源融合度高，长征文物资源与其他历史文化资源、山地旅游资源、民族文化资源等融合度高。五是开发价值大，许多长征文物资源兼有教学、研究、旅游等功能，社会价值和经济价值高。

红军长征过贵州，不仅对贵州的政治、经济、思想文化等方面产生了重大而深远的影响，更为宣传贵州、建设贵州留下了一笔取之不尽的历史财富。推动贵州省红色旅游产业转型升级，《长征国家文化公园贵州重点建设区建设保护规划》遵循着“一核一线两翼多点”总体思路，结合国土空间规划要求以及长征资源分布情况和各市州条件，落实了核心展示园、集中展示带、特色展示点以及重点项目的空间落位和主题内容，为长征国家文化公园贵州重点建设区规划了“十六展示园，遵义为中心；十一展示带，环廊为重点”的原则，构建园、带、点结合的主题展示空间体系；提出采用线性展馆群的方法构建长征展馆体系，建立以“长征干部学院”为品牌的长征红色教育培训体系，依托长征历史步道建设打造“千里红军路”，串联沿线“百个红军村”，形成长征国家文化公园贵州重点建设区的总体展示利用建设布局。推进红色文化旅游高质量发展，实施好文旅融合工程。

在长征红色文化主题引领下，按照“轻资产、重内容、新形式”原则，有效推动全省红色旅游产业转型升级，拓宽“多彩贵州”全域旅游新路径，全面促进文旅深度融合，带动沿线经济、社会、文化发展，充分展示贵州打赢脱贫攻坚战、走好新长征路的新时代风貌，为乡村振兴战略实施，巩固脱贫攻坚成果提供强大持久动力。

国家文化公园是我国文化传统、民族精神和国家价值观的集中体现，是国家整体形象特征的典型代表。长征国家文化公园的建设，是实现长征红色文物及文化资源保护利用、充分发挥其革命教育功能和产业带动功能，讲好长征故事、传承和弘扬长征精神的重要举措。真正做到纪念过去、激励现在、昭示未来，对走好新时代长征路具有重要的历史和现实意义。长征国家文化公园是推广多彩贵州、展现建设成就的全景窗口；是红色文旅牵头、整合特色资源的贯穿主轴；是提振沿线经济、巩固脱贫成果的有效手段；是管理制度创新、带动全国建设的先导示范。

4. 黄河国家文化公园建设情况

“让黄河成为造福人民的幸福河。”黄河是中华民族的母亲河、中华文明的摇篮。习近平总书记指出，黄河文化是中华文明的重要组成部分，是中华民族的根和魂。要推进黄河文化遗产的系统保护，守好老祖宗留给我们的宝贵遗产。要深入挖掘黄河文化蕴含的时代价值，讲好“黄河故事”，延续历史文脉，坚定文化自信，为实现中华民族伟大复兴的中国梦凝聚精神力量。

2020年10月29日，中国共产党第十九届中央委员会第五次全体会议通过《中共中央关于制定国民经济和社会发展第十四个五年规划和二〇三五年远景目标的建议》，提出建设黄河国家文化公园。2020年12月30日，中华人民共和国国家发展和改革委员会社会司组织召开了黄河国家文化公园建设启动暨大运河、长城、长征国家文化公园建设推进视频会。2021年3月19日，中华人民共和国国家发展和改革委员会社会司组织召开黄河国家文化公园建设保护规划编制启动会。按照中央的统一部署，沿黄9省区正在有条不紊地推进黄河国家文化公园的建设。

5. 长江国家文化公园建设情况

长江是中国第一大河流，与黄河并称中华民族的母亲河。长江在中华文明的起源发展中发挥了极为重要的作用，是中华文明多元一体格局的标志性象征，很大程度上丰富了中华文明的文化多样性，“江河互济”构建了中华民族共有的精神家园。长江国家文化公园的建设范围综合考虑长江干流区域和长江经济带区域，涉及上海、江苏、浙江、安徽、江西、湖北、湖南、重庆、四川、贵州、云南、西藏、青海13个省（区、市）。建设长江国家文化公园，充分激活长江丰富的历史文化资源，系统阐发长江文化的精神内涵，深入挖掘长江文化的时代价值，对于深入贯彻落实习近平总书记关于国家文化公园建设系列重要指示精神，丰富完善国家文化公园体系，做大做强中华文化重要标志，延续历史文脉、坚定文化自信，进一步提升中华文化标识的传播度和影响力，向世界呈现绚烂多彩的中华文明，具有重大而深远的意义。[①]

2022年1月，为深入贯彻落实习近平总书记重要讲话精神，保护好长江文物和文化遗产，大力传承弘扬长江文化，推动优秀传统文化创造性转化、创新性发展，国家文化公园建设工作领导小组印发通知，部署启动长江国家文化公园建设，要求各相关部门和地区结合实际抓好贯彻落实。

黄河、长江两个国家文化公园的全新内容及相关规划文本的编制正在进行中，各部门及省份将制定建设实施方案和建设保护规划，确保黄河、长江国家文化公园建设高质量推进。

四、国家文化公园的理论发展

国内对于国家文化公园的研究正处于初始阶段，以CNKI中国知网搜索为例，2019年至2020年8月间，以“国家文化公园”“国家公园”为关键词的文章数量仅有50篇，其中以“国家文化公园”为题的仅12篇。搜索以“黄河文化”为关键词的有750篇，以“黄河”为关键词的有898篇。所搜索内容跨越了多个数据库，涵盖建筑规划、园林设计、考古、历史、文化、经济、法律、旅游、生态环境以及政治等方面内容。其中，大多数理论文章为报刊发表，篇幅比较短，内容比较简单，理论性不够强。搜索国外资源，并无此类相关研究成果。

2020年至2021年，文章数量逐渐增多，越来越多的研究者开始关注国家文化公园的研究，其中不乏具有思想内涵深度的高质量研究成果和论述。从文献来源来看，以报刊发表的文章居多，核心期刊的发表数量不足十分之一。由于“国家公园体制”和“国家文化公园”概念引入不久，现有的知识储备和研究成果以及实践经验还不足以满足国家文化公园建设的需要，在国家文化公园建设中难免存在这样或那样的问题。前期的研究成果主要来自国内的几个相关研究机构，研究力量和研究团队的构成相对比较薄弱和单一，主要研究方向集中在对建设模式等问题的探索上。由于国家文化公园正处于建设阶段，对国家文化公园的理论研究和实践研究都处于探索阶段。目前相关理论研究在系统性、宏观性和前瞻性方面尚有欠缺，但是国内的研究态度表现出积极、乐观和关注高涨的趋势。

国家文化公园是新时代文化战略的全新探索，凸显出中华民族光辉灿烂的文明和强大的文化软实力。建设国家文化公园要在保护传承文化传统的基础上，加快文旅融合步伐，推进各项文化建设，实现推动并繁荣中国特色社会主义思想体系、理论体系和话语体系建设。

国家文化公园是新时代中国特色社会主义文化和旅游建设的全新探索，是世界首创的实践先行的建设模式。国内的研究在国家文化公园的体制、机制创新以及试点建设等方面做出了一系列积极的探索。国家文化公园的创新策略主要体现在三个方面：一是传承和弘扬中华传统文化和东方审美观念。二是以流动性、非实体性、线性带状分布以及历时性为原则，深化线性文化遗产带的层级管理。三是推动社会主义公共文化服务体系不断完善，实现其与乡村振兴策略的有机结合。

五、国家文化公园的创新策略

1. 在传承与弘扬中华文化的实践中体现出历史使命和文化担当，将传统审美观念贯穿于国家文化公园建设之中

国家文化公园概念具有两个方面的意蕴：一是顶层设计，承载着华夏

民族的文化基因，服务于民族与国家。二是体现了共同价值，是对建立新型文化遗产传承和保护模式的创造性探索，在多元文化共存的人类命运共同体框架下，实现共同价值。

国家文化公园与国家公园两个概念之间的区别，根植于中西方基本观念上的差异性。从思想进程上，西方的自然观以人与自然的对立为出发点，将人从自然界中分离出来，走上了理性主义的发展道路。而中国传统的自然观，受天人合一思想的影响，把自然山水看成生活的一部分，自然与人融为一体，人的生存状态，与对自然的审美相一致。李渔在《闲情偶寄》中，将这种中国传统的自然观念阐释得淋漓尽致："柳贵于垂，不垂则可无柳。柳条贵长，不长则无袅娜之致，徒垂无益也。此树为纳蝉之所，诸鸟亦集……鸟声之最可爱者，不在人之坐时，而偏在睡时。"[②]东方式的审美趣味衍生出古典园林造园艺术，而古典园林又以独有的东方审美趣味和造园艺术而闻名于世。"凡结林园，无分村郭，地偏为胜，开林择剪蓬蒿；景到随机，在涧共修兰芷。径缘三益，业拟千秋，围墙隐约于萝间，架屋蜿蜒于木末。山楼凭远，纵目皆然；竹坞寻幽，醉心既是。轩楹高爽，窗户虚邻；纳千顷之汪洋，收四时之烂漫。梧阴匝地，槐荫当庭；插柳沿堤，栽梅绕屋；结茅竹里，浚一派之长源；障锦山屏，列千寻之耸翠，虽由人作，宛自天开。"[③]古典的中国园林设计自成体系，无论是江南的私家园林，还是北方的皇家园林，自然山水与人文意趣在花园和林苑中完美地结合在一起，是中国传统道法自然、天人合一思想的杰作。在中国的古典园林艺术和造园技艺中所展现的观念不同于西方，因而中国的园林规划和建设也具有明显区别于西方的特征，完全照搬西方国家公园的设计理念，并不适合中国的历史、文化和审美原则。无论是自然风景还是国家公园，都与所在区域的历史、文化息息相关，今天，脱离传统去营造一个完全不同于东方审美观念、自然观念的西式公园体系，势必造成浪费和损失。

中国的国家公园建设始于20世纪80年代，先后设立了三江源、东北虎豹、大熊猫、祁连山、神农架、武夷山等10处国家公园体制试点，以分级的形式设立了国家级风景名胜区。《国家“十三五”时期文化发展改革规划纲要》中提出，中国将“依托长城、大运河、黄帝陵、孔府、卢沟桥等重大历史文化遗产，规划建设一批国家公园”[④]，以此为基础形成中华文化的重要标识体系。国家文化公园以长城、大运河、长征、黄河为目标，旨在将人文遗产与自然遗产涵盖其中。根据试点类型来看，国家文化公园与国家公园在管理模式、制度建设等方面存在差异性，国家文化公园不仅能欣赏自然风景、适合公众休憩，更重要的是能凸显出其涵盖的历史传承、文化影响和艺术特征。国家文化公园的建设更适合中国传统人文意趣和中国古典园林审美需求。

2. 推动社会主义公共文化服务体系不断完善，与乡村振兴策略实现有机结合

“万里长城”“千年运河”“两万五千里长征”“母亲河”标识着中华民族的重要文化内涵，承载着中华精神的重要价值。国家文化公园要保护的，是在中国历史上具有特殊意义的文化遗产，是能彰显中华民族文化精神和价值观的重要文化载体，意义重大。文化是软实力，是硬需求，也是一种重要的社会治理手段。推动国家文化公园建设，能增强人民对中华文化、中华文明和民族精神的认同感和归属感，推动我国公共文化体系不断完善，与国家重大战略同频共振。

从长城、大运河、长征以及黄河国家文化公园在相关省份的试点经验来看，也与以往的国家公园建设有明显区别。国家文化公园的试点建设分布在城市和乡村，覆盖了经济发达地区和欠发达地区。以长城国家文化公园的试点为例，长城北京段在保护建设的情况、设施的完善程度、知名度以及经济效益等方面，被普遍认为是长城沿线15个省（区、市）之中各方面条件比较优越的，但是长城国家文化公园将试点单位放在河北唐山而不是北京，无疑有着更为深远的考虑。如果说，以往的国家公园建设试点单位或围绕、或覆盖发达省份、城市或地区，以经济效益和社会效益为目标，那么可以认为，国家文化公园的建设更多是以社会主义公共文化服务体系建设与乡村振兴策略为考量和出发点，助力打破区域间发展的不平衡，实现互联互惠，将扶贫与建设统一于国家文化公园的建设体系中。各省份的国家文化公园规划，也秉承和贯彻了这一思想。国家文化公园不同于以往将建设重点放在人口众多、经济发达地区的惯性模式，而是有计划、有步骤地向经济欠发达地区以及广大乡村地区倾斜。这也正是我国国家文化公园区别于西方国家公园建设模式的一个特点。通过城乡统筹，使国家文化公园建设能推动城乡发展，加速文旅融合。通过国家文化公园的建设，把文化融入产业，一方面推动社会主义公共文化服务体系日益完善，另一方面带动乡村振兴，实现精准扶贫策略。

3. 以流动性、历时性、非实体性、线性带状分布为考量原则，深化线性文化遗产带的层级管理

以流动性、非实体性、线性带状分布以及历时性为原则，对线性文化遗产带进行分层管理，是国家文化公园的第三个创新策略。长城、大运河、长征、黄河基本都呈线性、带状分布。“跨越时代悠久漫长，地域广袤，有的省市还重叠交叉。其中长城和大运河整体或部分有明确的线路标识和空间边界，但其沿革演变也极其复杂。长征线路，始终处在流动变迁之中，没有明确的空间边界。”⑤沿线的文化带，不仅包括物质文化遗产和非物质文化遗产，还涵盖了工业遗产、农业遗产等在内的人文遗产各个类别。由此可见，国家文化公园所包含的是代表国家形象的，在中国历史上具有重大意义、重要影响的文物、文化资源和文化遗产，而且这些遗产具有高度民族认同性，能够彰显和突出展示中华民族文化精神、文化信仰和价值观，是与中华民族的生存、发展和历史演进息息相关血脉相连的重点文物资源、文化资源和文化遗产。相应地，国家文化公园助力保护这些不可替代的资源和遗产，其相关制度标准的制定、完善与实施，也应该具备上述相关特征。

国家文化公园建设是新时代中国特色社会主义文化建设的全新探索，凸显了中华民族数千年光辉灿烂的文明和中国强大的文化软实力。建设国家文化公园要保护传承传统文化、深入挖掘传统文化内涵、加快文旅融合步伐、推进数字再现工程，实现文物和文化资源保护传承利用协调推进，推动中华文化体系建设。国家文化公园体系建设，既有理论创新价值，又有实践指导意义，是构建中国特色社会主义理论体系和话语体系的一次重大实践，更是我国文化建设和体制改革的一项重大创新。国家文化公园体系建设将开拓中国特色社会主义新境界，推动中华文明现代化和中华民族的伟大复兴，引领人类文明新发展。

●注释

① 《长江国家文化公园建设正式启动》，文化和旅游部网站，https://www.mct.gov.cn/whzx/whyw/202201/t20220104_930253.htm。

② （清）李渔：《闲情偶寄》，上海古籍出版社2010年版。

③ （明）计成：《园冶》，中华书局2017年版。

④ 《中共中央办公厅、国务院办公厅印发〈国家“十三五”时期文化发展改革规划纲要〉》，中国政府网，http://www.gov.cn/zhengce/2017-05/07/content_5191604.htm。

⑤ 王健、王明德、孙煜：《大运河国家文化公园建设的理论与实践》，《江南大学学报（人文社会科学版）》2019年第9期。

第二章

CHAPTER 02

内蒙古长城国家文化公园的建设基础

长城是中国著名的世界文化遗产，修建技术高超，形态独特，建造持续时间久，约始于公元前7世纪春秋战国时期，一直延续到17世纪，历经了2000多年的营造时间。1987年被联合国教科文组织列为中国首批世界遗产名录。根据国家文物局的调查：“我国各时代的长城资源分布于北京、天津、河北、山西、内蒙古、辽宁、吉林、黑龙江、山东、河南、陕西、甘肃、青海、宁夏、新疆15个省（区、市），404个县（区、市）。”①涵盖了战国、秦、汉长城，北魏、北齐、北周、隋、唐、五代、宋、西夏、辽等具备长城特征的防御体系，以及金界壕和明长城。

历经朝代更迭，唯有长城历经风雨存留至今，成为中原政权统一和强盛的象征。长城是一套不断演进的军事防御体系与政治管理模式，沿线有着丰富的文化形态。从沧海之滨到三河之间，沿途相继分布着燕赵文化、三晋文化、关中文化、陇右文化、河湟文化等不同文化形态。长城沿线，既是农耕文明与游牧文明不断冲突和融合的地带，也是各民族社会经济、文化和艺术交流的窗口。以长城为线，串联起来的文化带，见证了国家和民族多元统一格局的形成和发展历程。长城国家文化公园的统一建设和标准化管理，包括加强保护修缮、文化挖掘、配套设施建设等方面工作，对长城沿线地区，尤其是经济欠发达地区是一个重要的发展机遇。《长城国家文化公园建设实施方案》和《长城国家文化公园重大工程建设方案》相继出台，对长城国家文化公园的建设提出了明确指示，内容涵盖了建设范围、建设内容、建设目标和阶段性任务，确立了一批国家及省级层面重点项目。

在长城沿线的15个省（区、市）中，位于河北的明长城基本形态保存最为完整，长度最长、建造时间最长、时间跨度最久的，则数内蒙古段长城遗址。涉及的朝代、民族、历史事件众多，因此建设内蒙古长城国家文化公园非常具有典型性，不仅彰显出浓厚的地域特征，反映出历史、时代、民族、宗教、非遗的特色，还能凸显出不同历史时期，该区域内的民族、文化和艺术的独特魅力和特征。

一、内蒙古自治区基础资源概况

1. 自然地理

内蒙古自治区位于中国的北部，总面积为118.3万平方千米，横跨东北、华北、西北地区，黑龙江、吉林、辽宁、河北、山西、陕西、宁夏、甘肃8省区与之相邻。边境线长达4200多千米，与俄罗斯、蒙古国接壤。自治区以高原地貌为主，大部分地区海拔在1000米以上，平原、戈壁、草原和沙漠等多种地貌形态并存，有大兴安岭林海、嫩江平原、西辽河平原、河套平原、腾格里沙漠、巴丹吉林沙漠、呼伦贝尔草原、锡林郭勒草原等。内蒙古自治区属于温带大陆性季风气候，全年降水量在100～500毫米之间，年日照量普遍在2700小时以上。大兴安岭和阴山山脉是气候差异的重要自然分界线，大兴安岭以西和阴山以北地区的气温和降雨量明显低于大兴安岭以东和阴山以南地区。2021年，全区平均气温较常年（1991—2020年，下同）偏高0.8℃，为1961年以来同期第2高。全区平均降水量较常年偏多16.7%，为1961年以来同期第6多，东部地区偏多，中西部大部地区接近常年。

黄河呈“几”字形流经内蒙古高原，共有黄河、额尔古纳河、嫩江和西辽河四大水系。大小河流千余条，其中流域面积在1000平方千米以上的有107条，主要河流大小湖泊星罗棋布，较大的湖泊有295个，面积在200平方千米以上的湖泊有达赉湖、达里诺尔和乌梁素海。内蒙古自治区煤炭与稀土资源异常丰富。

2. 自然保护区与各类公园

内蒙古自治区全区现有自然保护区、风景名胜区、地质公园、湿地公园、森林公园、沙漠公园等6类自然保护地，共372处，总面积2.35亿亩，约占自治区面积的12.4%。“在《全国主体功能区规划》中，内蒙古自治区境内的国家级自然保护区有23个，包括森林、草原、湿地、沙漠四大生态系统。”[②]国家级自然保护区包括大青山国家自然保护区、黑里河自然保护区、内蒙古大青沟自然保护区、鄂托克旗恐龙遗迹化石自然保护区、乌拉特梭梭林—蒙古野驴国家级自然保护区等。至2021年，“全区确定的自然保护区182个。其中，国家级自然保护区29个，自治区级自然保护区60个。自然保护区面积1267.0万公顷。其中，国家级自然保护区面积426.2万公顷”[③]。除此之外，内蒙古还有国家级风景名胜区2个，国家级地质公园10个，世界级地质公园3个，国家级森林公园36个，国家级湿地公园53个，国家级沙漠公园13个。2021年全年接待国内游客13126.8万人次，实现国内旅游收入1460.5亿元。

内蒙古资源优势体现在国家级各类公园的建设上，从风景名胜区到地质公园再到文化公园，实现了对资源的配置、细化、管理和升级。从有形的自然资源升级到对于无形的人文资源的保护和管理。国家文化公园的建设把人类的历史和文化纳入公园的概念中，包含着对中西方不同自然观和价值观的理解。西方自然价值观秉承着主客二分的原则，中国的传统自然观和价值观以天人合一的观念为基础。欧美公园体系的逻辑和概念，都体现着主客二分的西方哲学观念。自然主体也是作为认识论的对象而存在。人与自然的相互关系始终是处于外在的、他者的位置。中国传统自然观，以中国古典园林的建造观念为代表，呈现出人与自然不可分割的状态。

国家文化公园的资源价值体现在典型性、稀有性、丰富性、完整性、价值性几个方面。不但对于自然景观有要求，同时要求人文景观要代表区域历史文化的重要过程，提供一种特有的见证或范例，并且具有一定规模或数量，资源类型丰富。例如国家文化公园的四类分区展示原则，核心的管控保护区对于自然景观和人文景观的要求，就是基本处于自然状态或保持历史原貌。管控保护区、主题展示区、文旅融合区、传统利用区按照不同的功能来划分。旅游开发条件良好、具有较大影响力的，按照层级原则来开发、建设和管理。国家文化公园能同时满足欣赏自然景观和人文景观的双重要求。

3. 交通规划和建设

内蒙古自治区区域辽阔，丰富的旅游资源遍布全区，交通便利与否决定了文化与旅游业的可持续发展。依据《中华人民共和国国民经济和社会发展第十四个五年规划和2035年远景目标纲要》《中长期铁路网规划（2030年）》《国家综合立体交通网规划纲要》等文件的指示，内蒙古自治区大力发展基础设施建设完善工程。聚焦国家“六轴七廊八通道”综合立体交通网主骨架和自治区“四横十二纵”综合运输大通道发展要求，推动公路、铁路、航空等运输方式有效衔接，逐步形成内畅外联、高效可靠的综合运输网络，推动建设衔接顺畅、转换高效的综合交通枢纽，加快补齐自治区综合枢纽发展不足的短板。

自治区的交通建设和规划与国家和自治区的重大战略保持同步。聚焦服务“一带一路”建设、东北振兴、西部大开发、黄河流域生态保护和高质量发展、呼包鄂乌一体化等重大战略需求，推动关键通道和关键节点互联互通，强化支撑区域一体化协调发展，强化对自治区特色文化旅游产业的支撑。围绕着规划方案和相关项目，公路交通、陆路交通和空中交通是自治区为打造旅游业重点扶持的配套建设项目。

民航方面：提升运输机场服务能力。建成呼和浩特新机场，新建东乌旗、林西县、正蓝旗3个运输机场，有序推进阿拉善左旗、额济纳旗、包头、海拉尔、乌兰浩特等15个机场的改扩建工程，完善基础设施，优化机场布局，提升安全运行保障能力。加快通用机场建设。优先在偏远和地面交通不便的地区、自然灾害多发地区、农畜产品主产区、重点旅游景区、重点产业集聚区建设一批通用机场。

公路方面：加强公路与其他运输方式衔接，推进综合客运枢纽和物流枢纽建设。加快资源路、旅游路、产业路建设，促进地方社会经济和产业发展。打造沿黄河文化旅游观光路，完善“乌阿海满”旅游交通圈，推进景区、景点连接公路建设，加强公路旅游服务配套设施建设，促进交通与文化旅游融合发展。

铁路方面：以完善国家中长期铁路网“八纵八横”的高速铁路主通道为中心，形成以高速铁路主通道为骨架、区域连接线衔接、城际铁路补充的高速铁路网。加快推进旅游铁路。根据自治区全域旅游规划，结合铁路运输网络规划，优化旅游铁路网络布局，围绕自治区重点旅游资源打造若干示范线路。

在加快建设的同时，内蒙古也不放松对于生态环境的保护。根据重要生态敏感区的不同要求，设置禁止穿越区和限制穿越区，以期最大限度降低在规划实施时带来的不利影响。对涉及重要生态敏感区的线路进行局部调整优化，尽量避绕重要生态敏感区。例如，蒙西工业园至三北羊场铁路，涉及内蒙古西鄂尔多斯国家级自然保护区；包头至银川高铁，涉及内蒙古西鄂尔多斯国家级自然保护区和腾格里沙漠自治区级自然保护区；等等。对于这样的项目，自治区严格按照有关要求，进行选线方案比选，不得穿越禁止穿越区，如无法避绕禁止穿越区的，则不得开工建设。

按照《内蒙古自治区“十四五”综合交通运输发展规划》，到2025年，内蒙古自治区将基本建成“四横十二纵”综合运输大通道。“公路总里程达到21.5万公里，其中高速公路达到8500公里；铁路运营里程达到约1.6万公里，其中高速铁路达到1010公里；民用机场总数达到70个以上”④，综合交通基础设施供给水平将得以显著提升。

4. 国民经济和社会发展情况

2021年，面对严峻复杂的国际形势和新冠肺炎疫情，内蒙古自治区贯彻落实党中央、国务院决策部署，坚持稳中求进的工作基调，坚持生态优先、绿色发展导向不动摇，主要目标完成情况好于预期，实现了“十四五”良好开局。根据《内蒙古自治区2021年国民经济和社会发展统计公报》，2021年，地区生产总值完成20514.2亿元，“按可比价计算，比上年增长6.3%。其中，第一产业增加值2225.2亿元，增长4.8%；第二产业增加值9374.2亿元，增长6.1%；第三产业增加值8914.8亿元，增长6.7%。三次产业比例为10.8：45.7：43.5。第一、二、三产业对生产总值增长的贡献率分别为9.0%、39.3%和51.7%。人均生产总值达到85422元，比上年增长6.6%”⑤。

全区规模以上工业中，战略性新兴产业增加值比上年增长10.4%。非煤产业增加值比上年增长8.0%，占比达到57.7%。新产业较快增长，高技术制造业增加值增长20.2%，高新技术业增长22.4%。医药制造业增加值增长20.0%，计算机、通信和其他电子设备制造业增长21.3%。全年海关进出口总额1235.6亿元，比上年增长17.2%。其中，出口总额478.4亿元，增长37.1%；进口总额757.2亿元，增长7.4%。从主要贸易方式看，一般贸易进出口额805.9亿元，增长16.8%，占进出口总额的65.2%；边境小额贸易进出口额205.4亿元；加工贸易进出口额67.8亿元。与“一带一路”沿线国家进出口总额717.3亿元，比上年增长13.2%。

内蒙古的各项事业在高质量发展稳步推进中。全区有艺术表演团体93个，其中乌兰牧骑74个。拥有文化馆118座，公共图书馆117座，博物馆

182座。2021年末，全区广播节目综合人口覆盖率为99.7%，电视节目综合人口覆盖率为99.7%。年末全区有线电视覆盖用户356.3万户。全年生产故事影片5部。自治区和盟市出版发行各类报纸22964万份，各类期刊1055万册，图书6341万册。年末全区有档案馆134座，已开放各类档案563.7万卷（件）。全年接待国内游客13126.8万人次，实现国内旅游收入1460.5亿元。

二、内蒙古自治区的长城分布与国家级长城重要点段

1. 长城分布

内蒙古是长城资源大省，全区长城的长度（墙体）大约为7570千米，约占全国长城墙体总长度的32%，占中国长城总长度的三分之一（见图2-1）。从地理位置上看，内蒙古的长城不仅跨越了黄河，连接起了北方多条山脉，还与中国的古代丝绸之路相连。丝路文化与黄河文化、游牧文明与农耕文明在内蒙古长城段这里交汇和融合，形成了中国北方独具特色的长城历史文化带。

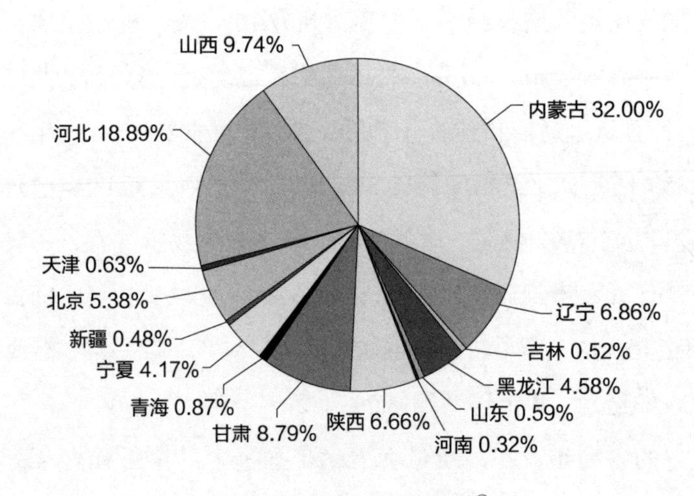

图2-1　长城分布示意图[6]

历朝历代的长城都能在内蒙古自治区找到踪迹。内蒙古境内的长城，从战国—秦汉长城、北魏长城等直至明长城的建造记录均能在《史记》和各种古籍文献中找到记录，因此具有非常重要的历史和文化意义。内蒙古地区的长城最早可以追溯到战国时期。战国时期的赵、燕、秦三国在边界修筑军事防御工事，以抵御匈奴的入侵。按照修筑时间的先后，分别是战国赵北长城、战国燕北长城和战国秦长城。[7]与长城相关的记载出现在大量的历史典籍和文献中，这些重要的史料典籍资源需重新研究，深入考察，并加以系统整理和利用，开发其在长城国家文化公园建设中的价值和意义。

“天子命我，城彼朔方”出自《诗经》的《小雅·出车》篇，全文如下：

我出我车，于彼牧矣。自天子所，谓我来矣。召彼仆夫，谓之载矣。王事多难，维其棘矣。

我出我车，于彼郊矣。设此旐矣，建彼旄矣。彼旟旐斯，胡不旆旆？忧心悄悄，仆夫况瘁。

王命南仲，往城于方。出车彭彭，旂旐央央。天子命我，城彼朔方。赫赫南仲，玁狁于襄。

昔我往矣，黍稷方华。今我来思，雨雪载涂。王事多难，不遑启居。岂不怀归？畏此简书。

喓喓草虫，趯趯阜螽。未见君子，忧心忡忡。既见君子，我心则降。赫赫南仲，薄伐西戎。

春日迟迟，卉木萋萋。仓庚喈喈，采蘩祁祁。执讯获丑，薄言还归。赫赫南仲，玁狁于夷。[8]

这篇诗文记载的是周天子命令大将南仲讨伐西戎，在朔方这个地方建城的故事。《出车》篇写的是南仲出征，用了“彭彭”“央央”“赫赫”

几个叠词来描述这场战争的规模。描绘了周宣王的军队浩荡地前进，以宏大的兵力征讨西戎部族，获得胜利，继而开疆拓土的盛况。这个城不是孤城，而是有着城墙和侧墙，结合山势、水障能协同防御外敌的完整城池。中国古代就有修筑城墙、边墙以防御外敌的记载。对于朔方的位置，有的说是在甘肃宁夏交界处，有的说是在内蒙古的河套地区，究竟在哪里现已不可考证，但据史籍记载，内蒙古地区最早的长城始建于公元前300年前后。长城在内蒙古境内多为土筑，少量土石混筑，沿线建有烽燧、障城。

赵武灵王北上攻打林胡、楼烦戎族，大获全胜后沿着阴山山脉南麓修筑了长城。赵武灵王在位期间，“筑长城，自代并阴山下，至高阙为塞，而置云中、雁门、代郡”[9]，这一段记载在《史记·匈奴列传》中，记录了赵武灵王曾经修筑长城、迁民北疆、开发边地并增设云中、雁门、代郡三个郡县的过程。由于这段长城地处赵国的北部，后世称之为赵北长城，也被称为赵武灵王长城。赵武灵王修筑的战国赵北长城，从地图上来看，东起河北省尚义，自东向西依次经过乌兰察布、呼和浩特、包头，一直延伸到巴彦淖尔的阴山山脉南麓。赵北长城的大部分墙体修筑在阴山南麓，长城东部的一小部分则位于燕山山脉，长城蜿蜒于燕山和阴山之上，拱卫着赵国的国土和都城邯郸。赵武灵王修筑的这一段长城，至今仍残存遗迹，位于今呼和浩特市大青山蜈蚣坝。赵武灵王以“胡服骑射”闻名于史，这一段赵国长城则忠实地记录了赵武灵王和那个社会时代的印迹。

《史记》还记载了燕国修筑燕北长城的经过，“燕亦筑长城，自造阳至襄平，置上谷、渔阳、右北平、辽西、辽东郡以拒胡”[10]。战国燕长城即内蒙古自治区的燕北长城段。燕北长城在内蒙古自治区境内主要分布于赤峰市境内。大体沿燕山山脉北麓的努鲁儿虎山和七老图山分布，由东向西延伸于敖汉旗、元宝山区和喀喇沁旗等三旗县，现存墙体总长度为132千米。

战国秦长城的修建始于秦昭襄王时期。《史记·匈奴列传》记载：

“义渠之戎筑城郭以自守，而秦稍蚕食，至于惠王，遂拔义渠二十五城。惠王击魏，魏尽入西河及上郡于秦。秦昭王时，义渠戎王与宣太后乱，有二子。宣太后诈而杀义渠戎王于甘泉，遂起兵伐残义渠。于是秦有陇西、北地、上郡，筑长城以拒胡。”公元前272年，秦国宣太后诱杀义渠戎王于甘泉，秦昭襄王乘机灭了义渠部落，在原义渠的领土上修筑起了战国秦长城，并设置陇西、北地、上郡三郡。战国秦长城墙体总长为94千米，在如今的鄂尔多斯市伊金霍洛旗纳林塔村、曹家村和李家村仍可见战国秦长城遗址。

秦长城是中国历史上最有名的长城，秦王嬴政统一六国，建立了秦朝，自称始皇帝。秦王朝为了加强北部边疆的管理，在北部修建了万里长城，连接起当时诸侯国燕、赵、秦所修建的长城，形成了我国历史上第一条，西至临洮东起辽东的万里长城。《史记·蒙恬列传》记载：“秦已并天下，乃使蒙恬将三十万众北逐戎狄，收河南。筑长城，因地形，用制险塞，起临洮，至辽东，延袤万余里。于是渡河，据阳山，逶蛇而北。”[11]秦长城的修筑也代表着中国第一个、统一的、中央集权的封建王朝的建立。

秦长城自西向东分布于甘肃、宁夏、陕西和内蒙古境内，在内蒙古鄂尔多斯市，秦长城沿着南流黄河西岸支流的东西分水岭修筑，北端终止于黄土丘陵区与沿黄平原之间的点素敖包——东胜梁南北分水岭。这一段长城也被称为西河长城，因自战国晚期以来，长城之内为楼烦部族活动的西河之地，故而得名。秦长城将秦、赵、燕三国原有的长城连接起来，形成了一条长达5000千米的长城，因秦长城一直为汉朝维修沿用，并称为秦汉长城。例如，位于巴彦淖尔市乌拉特前旗的秦汉长城——小佘太秦长城遗址，地处黄河“几”字弯河套地区，毗邻乌梁素海，依山脊而建，大部分用不规则的石块垒砌而成，东西全长260千米，宛如一条巨龙静卧在群山之上。

内蒙古东南部的通辽和赤峰地区，也分布着战国—秦汉长城。这里的秦长城是在燕赵长城的基础之上修建完成的，这在对内蒙古长城的田野考察中得到了确认。秦长城或覆盖、或利用了燕赵长城的基础，修建起秦帝国版图的万里长城。通辽和赤峰的战国—秦汉长城与邻近的辽宁境内的长城，共同构成辽西地区长城段。通辽与赤峰，位于大兴安岭南段山地东麓与燕山山脉北麓之间，河流山林和沙漠等自然生态环境并存。内蒙古境内的秦长城和汉长城，不仅覆盖了战国古长城的区域，而且是利用战国古长城的基础重新修建的军事防御体系。秦汉长城的墙体多为就地取材砌筑方式，采取石块与土筑相结合的形式，山上为石头垒砌，平地为黄土夯筑，并在个别地段以山险、河险天然屏障为阻，例如敖汉旗十二连山、马家湾的老哈河等。

由于距今时间久远、历经战火、保护不力等因素，如今内蒙古地区的战国—秦汉长城已经未能保留完整的长城构造，仅剩石墙、土墙、墙体、烽燧、障城等遗迹。《后汉书卷九十·乌桓鲜卑列传》中记载："及武帝遣骠骑将军霍去病击破匈奴左地，因徙乌桓于上谷、渔阳、右北平、辽西、辽东五郡塞外，为汉侦察匈奴动静。其大人岁一朝见，于是始置护乌桓校尉，秩二千石，拥节监领之，使不得与匈奴交通。"[12]上谷、渔阳、右北平、辽西、辽东五郡塞指的就是今天内蒙古境内的通辽和赤峰段区域。内蒙古长城属于秦汉帝国的最北端，负责帝国边疆地区的防御守卫、商贸往来和交通要塞，在当时具有十分重要的意义。

除了长城的修筑之外，为增强与边塞的沟通，秦朝还修筑了秦直道。秦直道长1800里，即南起云阳（咸阳），北到九原郡治（包头），将咸阳与麻池古城连接在一起，以便帝国的最高指示能以当时最快的速度抵达边疆，边疆战报亦是如此。秦直道打通了秦都城与边疆的联系，长城与直道互通，从而让整个帝国的军事防御、交通运输系统得以流畅而高效地运转。汉武帝元朔二年（公元前127年），汉武帝下令设立朔方郡，改秦九原郡为五原郡，郡治仍为九原县，即麻池城址。汉帝国派遣十万军队驻扎防守于此。直达漠北的固阳道、秦直道加上长城，构成连接内地和塞外的重要交通枢纽与军事防御区，是中原王朝北方防御体系的重要组成部分，秦汉王朝因此得以实现以最快的速度完成对于边疆地区的增兵和布防。秦直道自秦至隋唐一直沿用，整体路段直到宋代以后，随着政权不断南移，才开始分段废弃。

明长城是长城资源中最重要的组成部分。北京八达岭长城、居庸关长城是最著名的长城景点之一，都是明长城的精品。明代长城的修建与明代九边体制有关，九边体制从永乐时期开始逐步构建，弘治至正德年间全面形成。在九边的防御体系中，明长城极其重要，有拱卫京都的作用。明成祖迁都北京，利用长城成功遏制住了元朝残余草原势力的侵扰。明朝在200多年间一直对长城进行修缮和维护。明代长城的重要性还体现在留存至今的长城传统文献资源，包括明代的官方档案、正史、文集、方志、碑刻、舆图、调查报告等。明长城的内容涉及明代长城修筑、沿线的战争、民族间的交往等方面，涵盖了堡寨、关隘、边镇、军事、文化、经济、风俗等内容。内蒙古境内的明长城在最北边，内蒙古明长城分为大边和二边两条线路，二边分布于内蒙古与周边省份的省区界限上，大边则都在内蒙古境内。20世纪80年代，高旺对清水河县境内的明长城进行了田野调查，并撰写了《内蒙古长城史话》[13]一书，这本书为清水河县明长城纳入长城国家文化公园奠定了坚实的基础。清水河县明长城沿线还留下了大量的碑刻铭文，都被收录于《内蒙古清水河县碑刻辑录》[14]一书中。

金界壕分为岭北线和漠南线。金界壕岭北线跨越中国、俄罗斯和蒙古三国境内。我国境内的金界壕岭北线由墙、壕组成，墙体全长710余千米，沿线可见单体建筑均为关堡。其中保留有关址2座、边堡69座。金界壕漠南线自呼伦贝尔市莫力达瓦旗向西经过兴安盟北部，折向西北入蒙古国东方省、苏赫巴特尔省，再由锡林郭勒盟北部，复入我国境内，向西经乌兰察布市四子王旗，止于呼和浩特市武川县境内的阴山北麓。漠南线全长1840余千米，由墙、壕组成，至今保留有121座边堡。

2. 国家级长城重要点段

2020年11月26日，国家文物局发布第一批国家级长城重要点段名单（见表2-1）。汉长城花海段、玉门关及烽燧，明长城慕田峪段、居庸关段、八达岭段等被列入名单内。第一批国家级长城重要点段构成以秦汉长城、明长城主线，与抗日战争、长征等重大历史事件存在直接关联，以及具有文化景观典型特征的代表性段落、重要关堡、重要烽燧为主，共计83段/处。其中，秦汉长城重要点段12段/处，明长城重要点段54段/处，其他时代长城重要点段17段/处，包括战国秦长城5段，唐代戍堡及烽燧4处，战国燕长城2段，战国齐长城、楚长城、赵长城、魏长城各1段，以及金界壕遗址等具备长城特征的边墙、边壕、界壕重要点段2段。

内蒙古自治区纳入第一批国家级长城重要点段共15段/处，占比18.1%。包括秦汉长城9段、明长城3段、战国秦长城1段、战国赵北长城1段以及金界壕遗址1段。具体名单如下：

表2-1　内蒙古自治区国家级长城重要点段名单

一、秦汉长城九段
（1）汉代三道营古城（乌兰察布市卓资县）
（2）秦长城坡根底段（呼和浩特市新城区）
（3）秦长城天盛成段（包头市固阳县）
（4）秦汉长城广申隆段（巴彦淖尔市乌拉特前旗）
（5）秦汉长城同和太—东希日朝鲁段（巴彦淖尔市乌拉特中旗）
（6）汉代鸡鹿塞障城（巴彦淖尔市磴口县）
（7）汉代乌兰布拉格障城（阿拉善盟阿拉善左旗）
（8）汉长城西尼乌素段（巴彦淖尔市乌拉特后旗）
（9）居延遗址及汉长城（阿拉善盟额济纳旗）

续表

二、明长城三段
（1）明长城凉城县、右玉县二边段（乌兰察布市凉城县）
（2）明长城板申沟段（呼和浩特市清水河县）
（3）明长城小元峁段（呼和浩特市清水河县）
三、其他时代长城三段
（1）战国秦长城纳林塔段（鄂尔多斯市伊金霍洛旗）
（2）战国赵北长城青山区东边墙段（包头市青山区）
（3）金界壕遗址乌拉苏太段（赤峰市克什克腾旗）

从名单中可以看到，秦汉长城一共有9段，占比为60.0%，分布于呼和浩特市、乌兰察布市、包头市、巴彦淖尔市和阿拉善盟。明长城是距今历史最近的长城，形制完善，保存状态远远好于其他年代修筑的长城。明长城共有3段，其中2段位于呼和浩特市清水河县，1段位于乌兰察布市。较之于其他点段，清水河县的明长城无论是保存状态还是历史价值都占据更多优势。金界壕遗址则位于赤峰市克什克腾旗，是东南部地区的唯一代表入选段落。第一批国家级长城名单的遴选和公布与国家文化公园建设的时期相重叠，二者之间的关系是密不可分的。内蒙古国家级长城中的重点点段也是长城国家文化公园内蒙古段建设的重点之一。

国家文物局对于国家级长城重要点段的保护管理要求中强调了以下几点：第一，严格执行相关法律和文件的规定。第二，落实责权制、奖惩机制和保障措施。第三，加强长城的保护，以国家级长城重要点段为工作重点。第四，围绕长城国家公园建设总体目标。第五，科学有效的管理办法。第六，建立评估和监测制度。

沿线地方人民政府应严格执行《中华人民共和国文物保护法》《长城保护条例》《长城保护总体规划》相关规定，落实相关地方人民政府的主体责任、文物主管部门的监管责任和管理使用单位的直接责任，建立责任单位和责任人动态清单，明确奖惩机制和保障措施，着力推动长城保护

“五纳入”，坚持“共抓大保护，不搞大开发”，以国家级长城重要点段为工作重点，着力强化管理力度、改善保护状况、提升展示水平。

除此之外，管理要求中还明确提出，“国家级长城重要点段沿线各省（自治区、直辖市）应围绕长城国家公园建设总体目标，深入挖掘国家级长城重要点段的历史文化内涵，提升现有长城相关博物馆、陈列馆展示水平。国家级长城重要点段辟为参观游览区前，应科学核定、发布长城点段的游客承载量。经过评估具备开放条件的国家级长城重要点段，应确定参观游览区管理机构，制定分级分类开放策略，设置必要的展示、服务及安全防护设施，制定参观游览区管理规定和游客管理应急预案，并依法履行申报备案程序后向公众开放。鼓励各地实施预约参观、引导参观等机制，规范、引导游客参观游览行为、提升展示效果。对于文物本体及周边环境保存现状较为脆弱的国家级长城重要点段，应采取有效措施改善其保存状况，确保文物本体、周边环境及人员安全”。2025年底前，各省（自治区、直辖市）应全面完成国家级长城重要点段机构建设、空间管控、监测管理、保护修缮、展示阐释等各项工作，全力推进长城国家文化公园建设。国家文物局将组织专业机构、专家适时开展抽查评估，并酌情开展专项反应性监测。[15]

第一批国家级长城重要点段与长城国家文化公园的建设有着密切的联系，但是其中又有明显的区别：

第一，管理机制和体制有区别。长城的日常维护、调查、保护、修缮等工作都由国家文物局管理，权威调查结果和相关条例的制定和发布也由国家文物局负责。这是由长城的不可移动文物的性质决定的。国家文化公园则是由国家文化公园建设工作领导小组直接管理。国家文化公园的建设方案由中共中央办公厅、国务院办公厅联合发布。国家文化公园被纳入国家战略体系建设之中。应围绕长城国家公园建设总体目标，深入挖掘国家级长城重要点段的历史文化内涵。

第二，涵盖面有区别。国家文物局管理的长城管理和维护，只覆盖长城及沿线地区的可移动和不可移动文物的调查、管理、维护、宣传等工作。与长城相关的历史文化、经济、商贸、文化产业、数字产品、文化事业等内容，并不在文物范畴之内，这些以往被忽视的价值内容都被纳入国家文化公园建设的框架之中。

第三，社会效益有区别。国家文化公园分为五个内容，包括长城、大运河、长征、黄河和长江。沿线诸多省、市及其资源加在一起，使得国家文化公园建设的体量非常庞大。五个国家文化公园的项目之间具有重叠性，如大运河国家文化公园沿线省份同时涉及长城、长征、黄河和长江国家文化公园建设项目。国家文化公园彼此之间存在交叉性和互动性，这种交互作用带来的社会联动效益远远超过单一目标能实现的体量。

三、长城国家文化公园内蒙古段重点建设项目

内蒙古自治区列入国家层面的长城国家文化公园一共有三个，分别为呼和浩特市新城区坡根底秦长城、呼和浩特市清水河县明长城、包头市固阳县秦长城。2021年是国家文化公园的重点建设年份，内蒙古自治区完成了项目入库、方案编制、专家组建立，完成了长城文化公园项目建议书编制工作、可行性研究报告及园区规划编制工作，开展了文化公园环评报告的编制工作，出台了国家文化公园的总体规划和详细规划。自治区扎实推进保护传承、研究发掘、环境配套、文旅融合等工程，持续完善长城国家文化公园建设管理体制机制，大力弘扬长城文化精神，把长城国家文化公园建设成为传承中华文明的历史文化走廊、中华民族共同精神家园、代表国家水准和展示国家形象的亮丽名片、提升人民生活品质的文化和旅游体验空间。[16]“国家文化公园建设，就是要整合具有突出意义、重要影响、重大主题的文物和文化资源，实施公园化管理运营，实现保护传承利用、

文化教育、公共服务、旅游观光、休闲娱乐、科学研究功能，形成具有特定开放空间的公共文化载体，集中打造中华文化重要标志。将长城沿线的故事讲出来，开发旅游，吸引游客。”

1. 呼和浩特市新城区坡根底秦长城

2021年3月，新城区秦长城坡根底段、清水河县明长城小元峁段被纳入长城国家文化公园建设项目。按照《长城国家文化公园（呼和浩特段）建设实施方案》，呼和浩特市正全力推进该市两个长城国家文化公园项目的建设工作。

新城区秦汉长城是阴山山脉秦汉长城的起始地段，也是整个秦汉长城中最有研究价值的段落（见图2–2）。其本体修筑依山势、顺山脊，呈西北、东南走向，整段长城就地取材，以石筑、土石混筑为主。长城沿线有烽燧分布，与战国赵北长城在山脚呈“T”字形相会。呼和浩特市新城区坡根底秦长城，是战国、秦、汉长城三个朝代交汇并存的节点。长城以山脉为依托，因地形边险制塞，形成了以长城墙体为主脉，烽燧、障城为前

图2–2　呼和浩特市新城区秦长城坡根底段

哨，郡县布防为后盾的军事防御体系，也是我国早期长城的典型代表。新城区境内长城全长4.36千米，沿线有墙体3段，烽燧2座。2019年，新城区实施了秦长城坡根底段2段、3段保护修缮工程。1段保护修缮工程已列为2021年文物保护重点项目进行修缮。目前已经在该地区申报建设内蒙古自治区呼和浩特市长城文化博物馆。

2. 呼和浩特市清水河县明长城

清水河县位于呼和浩特市最南端，东南以长城为界，与山西省朔州市平鲁区、偏关县接壤。西濒黄河，与鄂尔多斯市准格尔旗隔河相望。北与和林格尔县、托克托县相毗邻，属典型的黄土高原丘陵沟壑区。清水河县境内明长城总长155千米，沿线有烽火墩台108座、敌台243座、马面253座、保存较好的城堡5座。近年来，先后保护修缮的重要地段有口子上丫角墩和徐氏楼、箭牌楼、板申沟、小元峁、窑洼等敌楼。此段长城毗邻山西，位于黄河岸边，属于借助自然山体和江河作为天然屏障的代表。

按照明朝“九边”制度，九边重镇附属有军事防御性聚落，清水河明长城附属有堡垒，作为屯兵之用。“老牛湾堡北距明长城一里，明成化三年（1467年）总兵王玺筑墙，崇祯九年（1636年）兵备卢友竹建堡。城墙周长120丈，高3丈5尺，堡寨保存现状基本完好。从明宣德四年至明嘉靖二十二年，偏关作为九镇之一，历时114年。老牛湾堡由于地处偏关镇陆路交通和黄河水运的交通枢纽之处，战略位置非常重要。清代，老牛湾堡依托黄河渡口和水运成为晋蒙重要的物资集散地。民国时期，由于战火纷飞，老牛湾堡开始逐步衰落，之后随着同蒲铁路的开通，老牛湾堡的交通地位也逐步下降。”[17]《宁武府志注》里记载着老牛湾堡，“俯瞰黄河，外接套地，边陲要区也。堡既立，移兵驻之”。该地区的军事防御体系由明长城和堡垒、敌台、墩台等设施共同构成。老牛湾望河楼建于明嘉靖二十三年（1544年），《偏关志》中有明确记载，“嘉靖二十三年巡抚曾铣于各要害处建置”。明万历二十五年（1597年），翻修了望河楼，使之兼具烽燧的功能。

内蒙古清水河县明长城的建制与河北迁西县青山关长城一致，后者是长城国家文化公园试点省份的重点项目，重要性也不相上下，可以互为参考和借鉴。迁西青山关长城是明代长城的一个精品点段，保存状态比较完整。青山关长城古堡直接与长城墙体相连，建于明万历年间。关城设南北两门，南为正门，至今保留有城门，城堡为元宝形。古堡内设立有官衙、兵营、庙宇、茶馆、酒肆、民居等古建筑，被誉为“万里长城中最精致的长城古堡”。

内蒙古清水河县明长城老牛湾堡为南北走向，由堡和瓮城两部分组成，只有南门一个出入口（见图2-3）。整个城堡为长方形，面积约5800

图2-3　老牛湾

平方米。堡城四面均设有角楼，现仅剩东北、东南两角残基，墙体大部分残存，外包条石大多已毁。堡内主要建筑包括观音庙和关帝庙，其他建筑为民居。堡内地形高低起伏，有一条主要道路贯穿南北，建筑随地势布局较自由，均为南北向建筑模式。老牛湾堡周边的道路随坡就势，呈现出环状特点，堡内只有一条贯穿南北向的主街道。民居窑洞所用的材料，多就地取材，石质坚硬，色彩明快，窑面砌石雕刻精美，石刻花纹造型讲究，既受到中原文化的影响，又融入了草原文化的特色。清水河县的古堡与长城、黄河构成了一个完整的体系，为长城国家文化公园的建设提供了非常有利的先决条件。厚重的历史文化与丰富的人文资源，构成了清水河地域文化的特质。

从保存现状、分布长度及现存种类等方面来看，清水河县长城资源是自治区明长城资源中最有历史价值和文化价值的一个点段。2001年6月，被国务院公布为第五批全国重点文物保护单位。2020年11月，板申沟段、小元峁段和老牛湾段明长城被国家文物局公布为第一批国家级重要点段。2021年3月，呼和浩特市新城区坡根底秦长城、呼和浩特市清水河县明长城、包头市固阳县秦长城被纳入国家文化公园建设项目。清水河县政府已完成清水河县明长城国家文化公园项目建议书编制工作，以及保护清水河国家长城文化公园的规划编制工作，各个项目都在推进中。

3. 包头市固阳县秦长城

位于包头市固阳县的秦长城非常有名，这段长城是秦长城的一个标志性段落，地理位置非常重要（见图2-4）。固阳秦长城横穿固阳县全境，全长95.6千米，是中国早期长城的代表性段落，距今已有2200多年的历史。固阳县境内的秦长城，修筑在山峦的阴面半坡上，依山就险、因坡取势，就地取材。保存较为完好的固阳县九分子乡秦长城，长约12千米，城墙外侧有5米高，内侧有2米高；顶宽2.8米，底宽3.1米，墙体多以黑褐色厚石片交错叠压垒砌而成。

图2-4　包头固阳秦长城遗址

固阳县秦长城位于阴山山脉的昆都仑河谷之上，属于典型的关口地势，从这里进出阴山非常便利，历史上一直为兵家必争之地。固阳秦长城与秦直道相连，秦直道始于包头的麻池。公元前222年，秦始皇设立九原郡，“郡治九原县”。公元前212年，秦始皇下令修建北端起于九原即麻池，南至秦都咸阳西北云阳的“秦直道”。“道九原，抵云阳”“而通直道，自九原至云阳”的记载屡见于《史记·六国年表》《秦始皇本纪》《匈奴列传》《蒙恬列传》中。

1987年，固阳县秦长城被列入世界文化遗产。1996年被国务院列为全国第四批重点文物保护单位。自2003年起，固阳县连续举办了14届秦长城文化旅游节，并举办各种学术研讨会。2007年，包头市对秦长城做了首次较为系统的调查，编写出版了《固阳秦长城》调查报告。2009年，包头市长城调查队按照国家文物局制定的长城资源调查标准、规范，对固阳秦长城进行了系统的科学调查，并整理成册。2012—2018年，经国家文物局批准，包头市文物局组织实施了固阳秦长城天盛成段的保护工程，修缮长城墙体2148米、烽燧1座。2020年，固阳秦长城天盛成段被列入第一批国家级长城重要点段名单，目前也是内蒙古自治区爱国主义教育基地和包头市全民国防教育基地。

包头市按照《长城、大运河、长征国家文化公园建设方案》总体思路，依托固阳秦长城自然景观的天然性、原始性和与国防坑道工程位于一处的景观资源稀缺性、独特性，组织申报了秦长城国家文化公园项目。该项目规划占地面积32平方千米，康图沟核心区3.72平方千米，项目建设周期为2021—2023年。固阳秦长城遗址康图沟段保护修缮项目设计方案已经获得国家文物局批复同意，纳入国家长城“十四五”规划建设项目；固阳秦长城遗址公园，固阳秦、汉长城博物馆项目，固阳秦长城风景道项目，固阳秦长城天盛成展示园项目列为省级重点项目，进入自治区“十四五”规划项目库。

根据固阳秦长城实际，优先打造康图沟核心区，拟建设红色文化教育体验区、长城文化展示体验区、长城传统风貌展示区和军事文化体验基地、长城文化展示基地、长城文化体验基地、现代国防教育基地“三区四基地”。目前，长城国家文化公园建设项目正在稳步推进中。

内蒙古自治区地域辽阔，文物古迹丰富，是草原文化的摇篮，是中国古代文明的发源地。内蒙古属文物大省区，文物综合信息统计显示，全区拥有不可移动文物2.1万余处，位列全国第十五。全国重点文物保护单位

141处，内蒙古位列全国第十一。全区现有博物馆达204处，馆藏可移动文物逾50万件套，已经形成富有民族特色的博物馆体系。

长城国家文化公园的三个重点项目落在呼和浩特和包头两市，这两个城市也是内蒙古地区的历史文化名城。包头早在6000年前，就有人类居住和活动，各类文物遗址近300处，全国重点文物保护单位有秦长城、敖伦苏木古城、美岱召、五当召。自治区重点文物保护单位有阿善遗址、麻池古城、西园遗址、推喇嘛庙岩画、城库伦古城（北魏怀朔镇）等。呼和浩特有秦长城、明长城、北魏盛乐古城遗址、昭君博物院、黄教寺庙大召、将军衙署、现存世界唯一的用蒙古文标注的天文石刻图的金刚座舍利宝塔、辽代万部华严经塔（白塔）、和硕恪靖公主府等著名文保单位。这些都彰显出内蒙古的草原游牧文化与中原农耕文化的交汇和融合，共同构成了长城文化带的巨大文物资源，为长城国家文化公园建设奠定了坚实的基础。除了上述三段之外，内蒙古地区还有小佘太秦长城遗址、北宋丰州长城、西夏长城、北魏长城、居延黑水城遗址、麻城遗址等其他独具特色的著名遗址和景观。这些遗址地处偏僻，保存形态并不完整，有的非常残破，仅剩下地基和地面的残存烽燧堡垒。但这些遗址却为秦汉、北宋、西夏、辽、北魏、元朝的边疆发展史、民族交往史、长城考古等方面的研究提供了资料，具有十分重要的价值，同时也是长城文化IP的重要实体资源。

附录一：

全国重点文物保护单位（内蒙古自治区）

序号	名称	批次	类型	时代	地址
1	辽上京遗址	第一批	古遗址	辽	内蒙古自治区赤峰市巴林左旗林东镇
2	辽中京遗址	第一批	古遗址	辽	内蒙古自治区宁城县大明镇
3	成吉思汗陵	第二批	古墓葬	新中国（成吉思汗陵曾于战时移至西藏，新中国成立之后，移回内蒙古）	内蒙古自治区鄂尔多斯市伊金霍洛旗伊金霍洛苏木所在地北侧甘德力敖包上
4	万部华严经塔	第二批	古建筑	辽	内蒙古自治区呼和浩特市太平庄乡白塔村西
5	大窑遗址	第三批	古遗址	旧石器时代	内蒙古自治区呼和浩特市新城区保合少乡大窑村南
6	嘎仙洞遗址	第三批	古遗址	南北朝	内蒙古自治区鄂伦春自治旗
7	元上都遗址	第三批	古遗址	元	内蒙古自治区锡林郭勒盟正蓝旗上都镇东 20 千米
8	居延遗址	第三批	古遗址	汉	内蒙古自治区阿拉善盟额济纳旗
9	怀陵及奉陵邑	第三批	古墓葬	辽	内蒙古自治区赤峰市巴林右旗岗根苏木
10	金刚座舍利宝塔	第三批	古建筑	清	内蒙古自治区呼和浩特市玉泉区五塔寺后街48号
11	兴隆洼遗址	第四批	古遗址	新石器时代	内蒙古自治区敖汉旗宝国吐乡兴隆洼村东南约1.3千米的台地上
12	大甸子遗址	第四批	古遗址	青铜时代	内蒙古自治区敖汉旗大甸子乡大甸子村东1千米靠近公路北的二级台地上
13	固阳秦长城遗址	第四批	古遗址	秦	内蒙古自治区固阳县中部全境
14	缸瓦窑遗址	第四批	古遗址	辽	内蒙古自治区赤峰市松山区猴头沟乡
15	敖伦苏木城遗址	第四批	古遗址	元	内蒙古自治区达尔罕茂明安联合旗都荣敖包苏木百灵庙镇北30千米

续表

序号	名称	批次	类型	时代	地址
16	美岱召	第四批	古建筑	明	内蒙古自治区土默特右旗美岱召镇
17	五当召	第四批	古建筑	清	内蒙古自治区包头市石拐区吉忽伦图苏木
18	萨拉乌苏遗址	第五批	古遗址	旧石器时代	内蒙古自治区乌审旗河南乡大沟湾和嘀哨沟湾
19	岱海遗址群	第五批	古遗址	新石器时代	内蒙古自治区凉城县
20	庙子沟遗址	第五批	古遗址	新石器时代	内蒙古自治区察哈尔右翼前旗新风乡庙子沟村
21	架子山遗址群	第五批	古遗址	青铜时代	内蒙古自治区喀喇沁旗永丰乡、牛家营子镇境内
22	大井古铜矿遗址	第五批	古遗址	青铜时代	内蒙古自治区林西县
23	城子山遗址	第五批	古遗址	青铜时代	内蒙古自治区敖汉旗萨力巴乡哈拉沟村之西3公里
24	和林格尔土城子遗址	第五批	古遗址	汉	内蒙古自治区和林格尔县土城子村
25	黑山头城址	第五批	古遗址	金	内蒙古自治区额尔古纳市
26	金界壕遗址	第五批	古遗址	金	内蒙古自治区呼伦贝尔市、兴安盟、通辽市、赤峰市、乌兰察布市、包头市，黑龙江省甘南县、龙江县、齐齐哈尔碾子山区
27	应昌路故城遗址	第五批	古遗址	元	内蒙古自治区克什克腾旗
28	宝山、罕苏木墓群	第五批	古墓葬	辽	内蒙古自治区阿鲁科尔沁旗
29	汇宗寺	第五批	古建筑	清	内蒙古自治区多伦县
30	福会寺	第五批	古建筑	清	内蒙古自治区喀喇沁旗王爷府镇大庙村中
31	喀喇沁亲王府及家庙	第五批	古建筑	清	内蒙古自治区喀喇沁旗王爷府镇
32	和硕恪靖公主府	第五批	古建筑	清	内蒙古自治区呼和浩特市新城区赛罕路
33	开鲁县佛塔	第五批	古建筑	元	内蒙古自治区开鲁县
34	长城	第五批	古建筑	周至明	内蒙古自治区通辽、赤峰市
35	阿尔寨石窟	第五批	石窟寺及石刻	元	内蒙古自治区鄂尔多斯市鄂托克旗

续表

序号	名称	批次	类型	时代	地址
36	阿善遗址	第六批	古遗址	新石器时代	内蒙古自治区包头市
37	赵宝沟遗址	第六批	古遗址	新石器时代	内蒙古自治区敖汉旗
38	红山遗址群	第六批	古遗址	新石器时代	内蒙古自治区赤峰市
39	夏家店遗址群	第六批	古遗址	新石器时代	内蒙古自治区赤峰市
40	朱开沟遗址	第六批	古遗址	新石器时代	内蒙古自治区伊金霍洛旗
41	麻池城址和召湾墓群	第六批	古遗址	汉	内蒙古自治区包头市
42	黑城城址	第六批	古遗址	汉	内蒙古自治区宁城县
43	朔方郡故城	第六批	古遗址	汉	内蒙古自治区磴口县、巴彦淖尔市
44	霍洛柴登城址	第六批	古遗址	汉	内蒙古自治区杭锦旗
45	克里孟城址	第六批	古遗址	汉	内蒙古自治区察哈尔右翼后旗
46	沃野镇故城	第六批	古遗址	汉	内蒙古自治区乌拉特前旗
47	白灵淖尔城址	第六批	古遗址	南北朝	内蒙古自治区固阳县
48	十二连城城址	第六批	古遗址	隋	内蒙古自治区准格尔旗
49	城川城址	第六批	古遗址	唐	内蒙古自治区鄂托克前旗
50	查干浩特城址	第六批	古遗址	辽	内蒙古自治区阿鲁科尔沁旗
51	安答堡子城址	第六批	古遗址	金	内蒙古自治区达尔罕茂明安联合旗
52	净州路故城	第六批	古遗址	金	内蒙古自治区四子王旗
53	砂井路总管府故城	第六批	古遗址	元	内蒙古自治区四子王旗
54	巴彦乌拉城址	第六批	古遗址	元	内蒙古自治区鄂温克族自治旗
55	秦直道遗址	第六批	古遗址	秦	内蒙古自治区鄂尔多斯市，陕西省旬邑县
56	扎赉诺尔墓群	第六批	古墓葬	汉	内蒙古自治区满洲里市
57	王昭君墓	第六批	古墓葬	汉	内蒙古自治区呼和浩特市
58	韩匡嗣家族墓地	第六批	古墓葬	辽	内蒙古自治区巴林左旗

续表

序号	名称	批次	类型	时代	地址
59	吐尔基山墓	第六批	古墓葬	辽	内蒙古自治区科尔沁左翼后旗
60	萧氏家族墓	第六批	古墓葬	辽	内蒙古自治区奈曼旗
61	张应瑞家族墓地	第六批	古墓葬	元	内蒙古自治区翁牛特旗
62	锦山龙泉寺	第六批	古建筑	明	内蒙古自治区喀喇沁旗
63	大召	第六批	古建筑	明	内蒙古自治区呼和浩特市
64	绥远城墙和将军衙署	第六批	古建筑	清	内蒙古自治区呼和浩特市
65	贝子庙	第六批	古建筑	清	内蒙古自治区锡林浩特市
66	定远营	第六批	古建筑	清	内蒙古自治区阿拉善左旗
67	灵悦寺	第六批	古建筑	清	内蒙古自治区喀喇沁旗
68	诺尔古建筑群	第六批	古建筑	清	内蒙古自治区多伦县
69	库伦三大寺	第六批	古建筑	清	内蒙古自治区库伦旗
70	僧格林沁王府	第六批	古建筑	清	内蒙古自治区科尔沁左翼后旗
71	宝善寺	第六批	古建筑	清	内蒙古自治区阿鲁科尔沁旗
72	阴山岩画	第六批	石窟寺及石刻	新石器时代	内蒙古自治区乌拉特前旗、乌拉特后旗、乌拉特中旗、磴口县
73	真寂之寺石窟	第六批	石窟寺及石刻	辽	内蒙古自治区巴林左旗
74	乌兰夫故居	第六批	近现代	清	内蒙古自治区土默特左旗
75	成吉思汗庙	第六批	近现代	中华民国	内蒙古自治区乌兰浩特市
76	“独贵龙”运动旧址	第六批	近现代	中华民国	内蒙古自治区乌审旗
77	百灵庙起义旧址	第六批	近现代	中华民国	内蒙古自治区达尔罕茂明安联合旗
78	内蒙古自治政府成立大会会址	第六批	近现代	中华民国	内蒙古自治区乌兰浩特市
79	蘑菇山北遗址	第七批	古遗址	旧石器时代	内蒙古自治区呼伦贝尔市满洲里市
80	金斯太洞穴遗址	第七批	古遗址	旧石器时代	内蒙古自治区锡林郭勒盟东乌珠穆沁旗

续表

序号	名称	批次	类型	时代	地址
81	辉河水坝遗址	第七批	古遗址	新石器时代	内蒙古自治区呼伦贝尔市鄂温克族自治旗
82	哈克遗址	第七批	古遗址	新石器时代	内蒙古自治区呼伦贝尔市海拉尔区
83	白音长汗遗址	第七批	古遗址	新石器时代	内蒙古自治区赤峰市林西县
84	兴隆沟遗址	第七批	古遗址	新石器时代	内蒙古自治区赤峰市敖汉旗
85	魏家窝铺遗址	第七批	古遗址	新石器时代	内蒙古自治区赤峰市红山区
86	富河沟门遗址	第七批	古遗址	新石器时代	内蒙古自治区赤峰市巴林左旗
87	寨子圪旦遗址	第七批	古遗址	新石器时代	内蒙古自治区鄂尔多斯市准格尔旗
88	草帽山遗址	第七批	古遗址	新石器时代	内蒙古自治区赤峰市敖汉旗
89	马架子遗址	第七批	古遗址	新石器时代	内蒙古自治区赤峰市喀喇沁旗
90	三座店石城遗址	第七批	古遗址	夏	内蒙古自治区赤峰市松山区
91	二道井子遗址	第七批	古遗址	夏	内蒙古自治区赤峰市红山区
92	太平庄遗址群	第七批	古遗址	夏	内蒙古自治区赤峰市松山区
93	尹家店山城遗址	第七批	古遗址	夏	内蒙古自治区赤峰市松山区
94	南山根遗址	第七批	古遗址	周	内蒙古自治区赤峰市宁城县
95	奈曼土城子城址	第七批	古遗址	战国	内蒙古自治区通辽市奈曼旗
96	云中郡故城	第七批	古遗址	战国	内蒙古自治区呼和浩特市托克托县
97	浩特陶海城址	第七批	古遗址	辽	内蒙古自治区呼伦贝尔市陈巴尔虎旗
98	灵安州遗址	第七批	古遗址	辽	内蒙古自治区通辽市库伦旗
99	豫州城遗址及墓地	第七批	古遗址	辽	内蒙古自治区通辽市扎鲁特旗
100	韩州城遗址	第七批	古遗址	辽	内蒙古自治区通辽市科尔沁左翼后旗
101	饶州故城址	第七批	古遗址	辽	内蒙古自治区赤峰市林西县
102	武安州遗址	第七批	古遗址	辽	内蒙古自治区赤峰市敖汉旗

续表

序号	名称	批次	类型	时代	地址
103	宁昌路遗址	第七批	古遗址	辽	内蒙古自治区赤峰市敖汉旗
104	吐列毛杜古城遗址	第七批	古遗址	金	内蒙古自治区兴安盟科尔沁右翼中旗
105	四郎城古城	第七批	古遗址	金	内蒙古自治区锡林郭勒盟正蓝旗
106	燕家梁遗址	第七批	古遗址	元	内蒙古自治区包头市九原区
107	新忽热古城址	第七批	古遗址	元	内蒙古自治区巴彦淖尔市乌拉特中旗
108	南宝力皋吐古墓地	第七批	古墓葬	新石器时代	内蒙古自治区通辽市扎鲁特旗
109	小黑石沟墓群	第七批	古墓葬	周	内蒙古自治区赤峰市宁城县
110	团结墓地	第七批	古墓葬	汉	内蒙古自治区呼伦贝尔市海拉尔区
111	和林格尔东汉壁画墓	第七批	古墓葬	汉	内蒙古自治区呼和浩特市和林格尔县
112	谢尔塔拉墓地	第七批	古墓葬	唐	内蒙古自治区呼伦贝尔市海拉尔区
113	奈林稿辽墓群	第七批	古墓葬	辽	内蒙古自治区通辽市库伦旗
114	耶律祺家族墓	第七批	古墓葬	辽	内蒙古自治区赤峰市阿鲁科尔沁旗
115	耶律琮墓	第七批	古墓葬	辽	内蒙古自治区赤峰市喀喇沁旗
116	沙日宝特墓群	第七批	古墓葬	辽	内蒙古自治区赤峰市阿鲁科尔沁旗
117	砧子山古墓群	第七批	古墓葬	元	内蒙古自治区锡林郭勒盟多伦县
118	恩格尔河墓群	第七批	古墓葬	元	内蒙古自治区锡林郭勒盟苏尼特左旗
119	和硕端静公主墓	第七批	古墓葬	清	内蒙古自治区赤峰市喀喇沁旗
120	准格尔召	第七批	古建筑	明	内蒙古自治区鄂尔多斯市准格尔旗
121	乌素图召	第七批	古建筑	清	内蒙古自治区呼和浩特市回民区
122	席力图召及家庙	第七批	古建筑	清	内蒙古自治区呼和浩特市玉泉区
123	奈曼蒙古王府	第七批	古建筑	清	内蒙古自治区通辽市奈曼旗

续表

序号	名称	批次	类型	时代	地址
124	寿因寺大殿	第七批	古建筑	清	内蒙古自治区通辽市库伦旗
125	梵宗寺	第七批	古建筑	清	内蒙古自治区赤峰市翁牛特旗
126	荟福寺	第七批	古建筑	清	内蒙古自治区赤峰市巴林右旗
127	法轮寺	第七批	古建筑	清	内蒙古自治区赤峰市宁城县
128	赤峰清真北大寺	第七批	古建筑	清	内蒙古自治区赤峰市红山区
129	四子王旗王府	第七批	古建筑	清	内蒙古自治区乌兰察布市四子王旗
130	巴丹吉林庙	第七批	古建筑	清	内蒙古自治区阿拉善盟阿拉善右旗
131	沙日特莫图庙	第七批	古建筑	清	内蒙古自治区鄂尔多斯市杭锦旗
132	呼和浩特清真大寺	第七批	古建筑	清	内蒙古自治区呼和浩特市回民区
133	桌子山岩画群	第七批	石窟寺及石刻	新石器时代	内蒙古自治区鄂尔多斯市鄂托克旗，乌海市海勃湾区，海南区
134	克什克腾岩画群	第七批	石窟寺及石刻	新石器时代	内蒙古自治区赤峰市克什克腾旗
135	曼德拉山岩画群	第七批	石窟寺及石刻	新石器时代	内蒙古自治区阿拉善右旗
136	广化寺造像	第七批	石窟寺及石刻	明	内蒙古自治区呼和浩特市土左旗
137	呼和浩特天主教堂	第七批	近现代	中华民国	内蒙古自治区呼和浩特市回民区
138	侵华日军阿尔山要塞遗址	第七批	近现代	中华民国	内蒙古自治区兴安盟阿尔山市
139	巴彦汗日本毒气实验场遗址	第七批	近现代	中华民国	内蒙古自治区呼伦贝尔市鄂温克族旗
140	中国共产党内蒙古工作委员会办公旧址	第七批	近现代	中华民国	内蒙古自治区兴安盟乌兰浩特市
141	中东铁路建筑群（扩展项目）	第七批	近现代	清	内蒙古自治区，辽宁省，吉林省，黑龙江省

附录二：

内蒙古地区博物馆名录

序号	名称	地址
1	呼和浩特市五塔寺召庙宗教文化博物馆	呼和浩特市玉泉区五塔寺后街48号
2	内蒙古自治区将军衙署博物院	内蒙古自治区呼和浩特市
3	昭君博物院匈奴文化博物馆	内蒙古自治区呼和浩特市
4	内蒙古博物院	内蒙古自治区呼和浩特市新城区新华东街27号
5	呼和浩特博物馆	呼和浩特市新华大街44号
6	内蒙古大学民族博物馆	呼和浩特市赛罕区大学西路235号
7	内蒙古师范大学博物馆	内蒙古师范大学博物馆
8	托克托县博物馆	托克托县东胜街托克托博物馆
9	内蒙古和林格尔盛乐博物馆	和林格尔县盛乐经济园区209国道路西
10	内蒙古包头博物馆	包头市阿尔丁大街25号
11	敕勒川博物馆	包头市土默特右旗工业大街1号
12	达茂旗博物馆	达茂旗百灵庙镇草原文化宫
13	乌海市博物馆	内蒙古乌海市海勃湾区科技馆2楼 乌海博物馆
14	乌海市海勃湾区乌海煤炭博物馆	乌海市海勃湾区乌海煤炭博物馆
15	赤峰市博物馆	赤峰市新城区富河街10号
16	阿鲁科尔沁旗博物馆	阿鲁科尔沁旗博物馆
17	巴林右旗博物馆	巴林右旗大板镇市政广场西巴林右旗博物馆
18	巴林左旗辽上京博物馆	内蒙古赤峰市巴林左旗辽上京博物馆
19	巴林右旗巴林石博物馆	巴林右旗大板镇市政广场西巴林石博物馆
20	巴林右旗民俗博物馆	大板镇大板街民俗博物馆
21	林西县博物馆	内蒙古赤峰市林西县林西镇松漠大街21号
22	克什克腾旗博物馆	克什克腾旗经棚镇应昌路北段
23	翁牛特旗博物馆	内蒙古自治区赤峰市翁牛特旗乌丹镇清泉路桥南路西
24	喀喇沁旗王府博物馆	喀喇沁旗王爷府镇
25	宁城县博物馆	宁城县天义镇

续表

序号	名称	地址
26	敖汉旗博物馆	敖汉旗新惠镇惠文广场北侧
27	通辽市博物馆	内蒙古自治区通辽市霍林河大街体育广场北侧
28	莫力庙苏木史前石器博物馆	科尔沁区莫力庙苏木
29	库伦旗宗教博物馆	库伦旗行政新区安代博物馆
30	奈曼旗王府博物馆	内蒙古自治区通辽市奈曼旗大沁他拉镇王府街西段
31	鄂尔多斯博物馆	鄂尔多斯市康巴什区文化西路南5号
32	鄂尔多斯青铜器博物馆	鄂尔多斯市东胜区准格尔南路3号
33	鄂尔多斯革命历史博物馆	鄂尔多斯市东胜区达拉特北路4号
34	鄂尔多斯市东胜区广稷农耕博物馆	内蒙古自治区鄂尔多斯市东胜区泊江海子镇海畔村
35	鄂托克旗查布恐龙博物馆	内蒙古自治区鄂尔多斯市鄂托克旗阿尔巴斯苏木
36	杭锦旗沙日特莫图博物馆	杭锦旗伊和乌素苏木巴音乌素嘎查西北15千米处
37	乌审旗博物馆	乌审旗嘎鲁图文化宫504办公室
38	海拉尔区博物馆	海拉尔博物馆
39	海拉尔要塞遗址博物馆	海拉尔要塞遗址博物馆
40	哈克遗址博物馆	哈克遗址博物馆
41	阿荣旗王杰纪念馆	阿荣旗那吉镇振兴路王杰广场南侧
42	鄂伦春自治旗博物馆	鄂伦春自治旗博物馆
43	鄂温克博物馆	内蒙古自治区呼伦贝尔市鄂温克族自治旗鄂温克博物馆
44	莫旗达斡尔民族博物馆	鄂温克族自治旗巴彦塔拉达斡尔民族乡人民政府
45	锡尼河布里亚特博物馆	鄂温克族自治旗锡尼河布里亚特博物馆
46	陈巴尔虎旗民族博物馆	陈巴尔虎旗民族博物馆
47	新巴尔虎左旗博物馆	新巴尔虎左旗博物馆
48	新巴尔虎右旗巴尔虎博物馆	呼伦贝尔市新巴尔虎右旗阿拉坦额莫勒镇
49	新巴尔虎右旗思歌腾博物馆	内蒙古自治区呼伦贝尔市新巴尔虎右旗阿拉坦额莫勒镇
50	满洲里市博物馆	满洲里市华埠大街新闻大厦2楼

续表

序号	名称	地址
51	扎赉诺尔博物馆	内蒙古自治区呼伦贝尔市满洲里市扎赉诺尔博物馆
52	呼伦贝尔市中东铁路博物馆	扎兰屯市站前街2号
53	扎兰屯市历史博物馆	扎兰屯市吊桥路8-1号
54	扎兰屯市鄂伦春民俗博物馆	扎兰屯市南木乡
55	达斡尔民俗博物馆	扎兰屯市达斡尔民族乡
56	成吉思汗镇梧琼花朝鲜民俗博物馆	扎兰屯市成吉思汗镇
57	萨马街索伦部落民俗博物馆	扎兰屯市萨马街鄂温克民族乡
58	敖鲁古雅鄂温克族驯鹿文化博物馆	敖鲁古雅乡驯鹿文化博物馆
59	黄河水利文化博物馆	黄河水利文化博物馆
60	五原博物馆	五原县博物馆
61	内蒙古乌拉特前旗公田村博物馆	乌拉特前旗公田村博物馆
62	乌拉特前旗博物馆	乌拉特前旗博物馆（文物管理所）
63	乌拉特中旗博物馆	乌拉特中旗海流图镇新区博物馆
64	乌拉特后旗博物馆	乌拉特后旗博物馆
65	乌兰察布市博物馆	内蒙古自治区乌兰察布市新区格根西街10号
66	察右中旗博物馆	察右中旗文化局北街
67	四子王旗博物馆	四子王旗新华街75号
68	科尔沁右翼前旗博物馆	科尔沁右翼前旗科尔沁镇
69	科尔沁右翼中旗博物馆	科尔沁右翼中旗巴彦胡硕镇
70	二连浩特市伊林驿站遗址博物馆	二连浩特市盐池正北方向1千米处
71	锡林郭勒盟博物馆	锡林郭勒盟文化园内（盟党政大楼对面）
72	阿巴嘎旗博物馆	阿巴嘎旗文体广电局
73	苏尼特左旗博物馆	苏尼特左旗满都拉图镇满达拉街
74	乌珠穆沁博物馆	乌里雅斯太镇道劳德西路2号
75	乌拉盖博物馆	乌拉盖管理区党政大楼7105室
76	西乌珠穆沁旗博物馆	西乌旗巴拉嘎尔高勒镇罕乌拉街文体大厦1楼
77	镶黄旗蒙古马文化博物馆	镶黄旗蒙古马文化博物馆
78	正镶白旗博物馆	明安图镇朝克温开发区

续表

序号	名称	地址
79	阿拉善博物馆	阿拉善盟阿左旗
80	阿拉善和硕特亲王府博物馆	阿拉善王府博物馆
81	阿拉善右旗博物馆	阿拉善右旗巴丹吉林镇
82	额济纳博物馆	额济纳博物馆
83	呼伦贝尔民族博物院	呼伦贝尔市海拉尔区河东胜利大街
84	诺门罕战役遗址陈列馆	内蒙古自治区呼伦贝尔市新巴尔虎左旗查干诺尔嘎查
85	扎兰屯市乌兰夫同志纪念馆	扎兰屯市老市医院院内
86	成吉思汗镇东德胜村史陈列馆	扎兰屯市成吉思汗镇东德胜村
87	满洲里市沙俄监狱陈列馆	满洲里市南区三道街与四道街之间，天桥路西
88	集宁战役纪念馆	集宁区泉山北街老虎山生态路特1号
89	内蒙古河套文化博物院	内蒙古自治区巴彦淖尔市临河区五一街
90	兴安盟博物馆	内蒙古自治区乌兰浩特市新桥东街
91	宁城县辽中京博物馆	宁城县天义镇南城村
92	呼和浩特市多松年烈士纪念馆	呼和浩特市呼和佳地南区
93	呼和浩特市绥蒙抗日救国会纪念馆	呼市玉泉区大南街玉泉二巷11号
94	内蒙古警察博物馆	呼和浩特市新城区海拉尔大街15号
95	内蒙古国际蒙医蒙药博物馆	呼和浩特市赛罕区大学东路83号
96	美岱召博物馆	内蒙古自治区包头市土默特右旗美岱召博物馆
97	美岱桥民俗馆	内蒙古自治区包头市土默特右旗苏波盖乡美岱桥村
98	牙克石中东铁路遗址博物馆	牙克石市博克图镇
99	牙克石大兴安岭生态博物馆	牙克石市乌尔其汗镇
100	巴彦托海历史民俗陈列馆	鄂温克族自治旗巴彦托海镇
101	巴彦塔拉达斡尔民族乡达斡尔民俗博物馆	鄂温克族自治旗巴彦塔拉达斡尔民族乡
102	呼伦贝尔东北抗联纪念馆	阿荣旗那吉镇东山抗联英雄园内
103	音河达斡尔鄂温克民族乡民俗博物馆	音河达斡尔鄂温克民族乡富吉村
104	额尔古纳民族博物馆（内蒙古俄罗斯民族博物馆）	内蒙古自治区额尔古纳市哈撒尔路215号

续表

序号	名称	地址
105	额尔古纳恩和俄罗斯民族博物馆	额尔古纳市恩和俄罗斯族民族乡
106	根河市博物馆	根河市敖鲁古雅乡
107	扎赉诺尔蒸汽机车博物馆	满洲里市扎赉诺尔新区
108	扎兰屯市伪兴安东省历史陈列馆	扎兰屯市铁路小学对过
109	萨马街鄂温克民俗博物馆	扎兰屯市萨马街鄂温克民族乡
110	满洲里市六大纪念馆	满洲里市国门景区内
111	莫旗腾克达斡尔族民俗陈列馆	莫旗腾克镇民俗村
112	内蒙古民族解放纪念馆（乌兰夫办公旧址、内蒙古党委办公旧址、五一大会旧址）	内蒙古自治区乌兰浩特市新桥东街 内蒙古自治区乌兰浩特市兴安路 内蒙古自治区乌兰浩特市五一路
113	科尔沁右翼中旗非物质文化博物馆	科右中旗巴彦胡硕镇
114	关玉衡烈士纪念馆	科尔沁右翼前旗察尔森镇
115	兴安农村第一党支部纪念馆	科尔沁右翼前旗巴拉格歹乡兴安村
116	绰尔河农耕博物馆	扎赉特旗好力保乡永兴村
117	僧格林沁博物馆	通辽市科尔沁左翼后旗甘旗卡镇—吉尔嘎朗镇公路4千米处
118	开鲁县博物馆	通辽市开鲁县开鲁镇和平街白塔公园内
119	库伦旗安代博物馆	通辽市库伦旗库伦镇东梁新区
120	扎鲁特旗乌力格尔博物馆	通辽市扎鲁特旗泰山大街中段
121	红山文化专题博物馆	赤峰市红山区三中街居委会新华路东
122	西乌珠穆沁旗男儿三艺博物馆	西乌旗巴拉嘎尔高勒镇
123	苏尼特王府博物馆	苏尼特右旗朱日和镇乌苏图敖包
124	锡林浩特市锡林郭勒盟红色旅游纪念馆	锡林浩特市文化中心1楼
125	元上都遗址博物馆	正蓝旗上都镇东15千米
126	凉城县贺龙革命活动旧址	凉城县岱海镇井沟村
127	察右后旗红格尔图战役纪念馆	察右后旗白音察干镇杭宁达莱生态园区
128	集宁区察哈尔民俗博物馆	集宁区生态大道西兴工路北侧
129	商都县古驿七台民俗历史博物馆	商都县南湖湿地公园
130	察右后旗民族博物馆	察右后旗白音察干镇杭宁达莱生态园区
131	杭锦旗综合博物馆	杭锦旗锡尼镇广场南

续表

序号	名称	地址
132	达拉特博物馆	达拉特旗迎宾大街和平路
133	内蒙古恩格贝沙漠博物馆	鄂尔多斯市恩格贝生态示范区
134	成吉思汗博物馆	鄂尔多斯市伊金霍洛旗伊金霍洛镇成陵旅游区
135	伊金霍洛旗郡王府博物馆	伊金霍洛旗阿勒腾席热镇郡王府广场
136	蒙古源流博物馆	鄂尔多斯市阿勒腾席热镇车家渠蒙古源流文化产业园区
137	鄂托克旗博物馆	内蒙古自治区鄂尔多斯市鄂托克旗乌兰镇木凯淖尔街东侧
138	准格尔旗博物馆	准格尔旗大路新区
139	鄂托克前旗延安民族学院城川纪念馆	鄂托克前旗城川镇
140	沙尔利格中心小学齐·蒙克顺纪念馆	鄂尔多斯市乌审旗苏力德苏木政府所在地
141	乌审召牧区大寨博物馆	鄂尔多斯市乌审旗乌审召镇
142	萨冈彻辰纪念馆	鄂尔多斯市乌审旗图克镇
143	内蒙古河套教育民俗博物馆	内蒙古自治区巴彦淖尔市临河区西环路甲1号
144	磴口汉代郡塞博物馆	磴口县巴彦高勒镇
145	傅作义纪念馆	内蒙古自治区杭锦后旗陕坝镇
146	奋斗中学博物馆	内蒙古自治区杭锦后旗陕坝镇
147	兵团战士博物馆	巴彦淖尔市磴口县乌兰布和农场
148	黄河三盛公水文化博物馆	内蒙古自治区巴彦淖尔市磴口县
149	乌海市海勃湾区乌海蒙古族家居博物馆	乌海市海勃湾区滨河大道西侧
150	乌海市海勃湾区乌海葡萄酒博物馆	乌海市海勃湾区沃野路以西，乌珠穆主题公园东南角

附录表格和数据均来自内蒙古自治区文物局网站：http://www.nmgwwj.com/pbpm/loginController.do?index

注释

① 国家文化局：《中国长城保护报告》，http://www.gov.cn/xinwen/2016-11/30/content_5140768.htm。

② 包庆德、刘雨婷：《内蒙古以国家公园为主体的自然保护地体系建设研究》，《洛阳师范学院学报》2021年第12期。

③ 内蒙古自治区人民政府网站，https://www.nmg.gov.cn/asnmg/yxnmg/qqgk/202003/t20200304_235646.html。

④《内蒙古自治区“十四五”综合交通运输发展规划》。

⑤ 内蒙古自治区统计局，http://tj.nmg.gov.cn/tjyw/tjgb/202202/t20220228_2010485.html，2022年2月28日。

⑥ 国家文化局：《中国长城保护报告》，http://www.gov.cn/xinwen/2016-11/30/content_5140768.htm。

⑦ 王虹：《内蒙古境内长城探源》，《经济研究导刊》2014年第35期。

⑧《诗经·出车》。

⑨《史记·匈奴列传》，《史记》卷一百一十，中华书局2013年版。

⑩《史记·匈奴列传》，《史记》卷一百一十，中华书局2013年版。

⑪《史记·蒙恬列传》，《史记》卷八十八，中华书局2013年版。

⑫《后汉书·乌桓鲜卑列传》，《后汉书》卷九十，中华书局2000年版。

⑬《内蒙古长城史话》。

⑭ 内蒙古高校人文社科中国北疆史重点研究基地、老牛湾国家地质公园管理局：《内蒙古清水河县碑刻辑录》，远方出版社2015年版。

⑮《长城保护总体规划》。

⑯ https://wlt.nmg.gov.cn/zwxx/gzdt/202104/t20210413_1384559.html。

⑰ 曹象明、陈骁：《晋北明长城沿线军事堡寨的景观特色及其保护利用策略——以老牛湾堡为例》，《建筑与文化》2020年第6期。

第三章

CHAPTER 03

非物质文化遗产与内蒙古长城文化

内蒙古自治区是我国的非物质文化遗产大省，整理发掘长城非物质文化遗产资源（简称非遗）是内蒙古长城国家文化公园建设进程中，发掘长城精神文化研究工程的重要组成部分。挖掘非遗有助于系统研究内蒙古长城文化，构建长城精神文化的理论体系和话语体系，是阐发长城精神价值不可或缺的一环，有助于维护内蒙古长城沿线人文自然风貌、建设长城复合廊道、打造中华文明标识性的长城参观游览区、规划建设内蒙古长城文化旅游深度融合发展、开发长城文创产品、孵化具有区域特色的文旅企业、打造长城塞上生态文化旅游。

一、内蒙古非遗的基本构成、内容及类型

1. 内蒙古非遗的多元性、民族性及地域性文化特征

内蒙古自治区地域辽阔，草原无际，历史璀璨悠长。历史上，这里是中国旱作农业区和北方草原两种经济形态的交汇区，是多民族文化对立冲突、碰撞融合的集中区域。在这个中华文化多元统一的巨大舞台上，农业文化、渔猎文化、大河文化、草原文化都在此交汇，具有不同文化背景的人群纷至沓来。他们在长城沿途的各条线路上，或万里风尘、迁徙流转，或筚路蓝缕、繁衍驻留，在给后世留下浩如烟海、灿若繁星的文物、遗址等宝贵的物态文化财富的同时，也留下了丰富得令人艳羡的无形遗产，创造了灿烂的人文精神遗产和多元而统一的民风民俗。这些依托长城主体和长城区域内的自然资源而形成的、由活生生的人群所代代传承传播的人文风俗和观念形态，使得内蒙古长城沿线分布有众多原生的、独特的和鲜活的非物质文化遗产。

非物质文化遗产与其创作群体的所属地域，有着不可割裂的关系。作为历史积淀下来的生活形式，非物质文化遗产代表了群体和地域的文化传统和文化特色，另外，非物质文化遗产的口述特征、民间特性、习俗仪式的规范性，又是群体和地域文化自我认同、自我识别的重要依据，是使之得以与其他群体、其他地域文化相区别的标志。可以说，区域和群体，是非物质文化遗产最为基础的特征。

在历史上，长城是中国文化地理的分界线。内蒙古长城南侧，被称作“中原”的黄河中下游地区，是中国历史上农业经济、旱地农耕文化发展最早的腹心区域。而长城北侧的广袤地带，基于部落、氏族、民族区分，分布着呼伦贝尔文化区、科尔沁文化区、锡林郭勒文化区、鄂尔多斯文化区、阿拉善文化区。基于地理环境区分，分布着大兴安岭文化区、阴山文化圈、阿拉善文化圈。基于文化主题、文化功能区分，分布着森林草原生态文化主题功能区、科尔沁文化主题功能区、红山文化辽文化主题功能区、游牧文化主题功能区、察哈尔主题功能区、阴山河套文化主题功能区、宫廷礼乐文化主题功能区、戈壁草原文化主题功能区、都市文化主题功能区。基于文化类型区分，分布着游牧文化圈、农业文化圈、半农半牧文化圈、城镇文化圈。[①]从不同的研究视角划分出的不同研究区域，恰恰证明了，在长城的文化廊道当中，众多民族、众多文化，在这里获得了新的生命力，成为创造中国文化和文明的重要成员，是构成多元统一的中华文化鲜活的有机组成部分。[②]

内蒙古长城沿线分布、展开、重叠、交错的众多文化区域，贡献了丰富而独特的非物质文化遗产。区域内不同时代人们自发创造、传承延续、传播累积的非物质文化成果，蕴含着长城沿线各族人民特有的精神价值、思维方式、想象力和文化意识，体现着各族人民的生命力和创造力，展现的是各族人民对自然、对历史、对自己、对他人的思考、理解与追问。

2. 以民族传统音乐、传统技艺和民俗为核心的基本构成

我国的非物质文化遗产保护传承工作，建立有国家、省（区）以及市、县等四级名录体系，其中国家级和省级包含正式名录和扩展名录。[③]自治区级数据来自内蒙古自治区政府在2007年、2009年、2011年、2013年、2015年和2018年公布的6批自治区级非物质文化遗产名录（含扩展项目）。同时，我国参与并推进向联合国教科文组织申报非遗名录（名册）。截至2021年，内蒙古自治区入选联合国教科文组织非物质文化遗产名录项目2项，分别为蒙古族长调民歌和蒙古族呼麦（均为世界级非遗和国家级非遗），国家级非物质文化遗产代表性项目106项，[④]自治区级非遗代表性项目487项、[⑤]自治区级拓展名录137项、盟市级项目1736项、旗县级项目3484项；国家级非遗代表性传承人82名、自治区级代表性传承人967名、盟市级代表性传承人3165名、旗县级代表性传承人5399名。在入选联合国教科文组织名录、国家级代表性名录和自治区级代表性名录当中，自治区级项目 624 项，其中自治区级非遗项目占项目总数的85.24%。截至2022年5月，内蒙古自治区入选国家级非遗名录项目，涵盖了2008年以后国家非遗名录的全部十大门类，具体情况如下：传统音乐23项，占比22%。民俗19项，占比18%。传统技艺15项，占比14%。传统体育、游艺与杂技9项，占比8%。传统美术9项，占比8%。传统医药7项，占比7%。民间文学8项，占比7%。曲艺6项，占比6%。传统舞蹈5项，占比5%。传统戏剧5项，占比5%（见图3–1）。

民族传统音乐占核心位置，其次为民俗项目，再次为传统技艺项目。这三者成为内蒙古地区非遗的基本构成。其余的如传统体育、传统医药也是内蒙古的优势项目，前者与马术有关，后者则是现代蒙医药的发源。传统医药直接影响到当地的医药制造、销售和原材料生产、经营一系列产业。

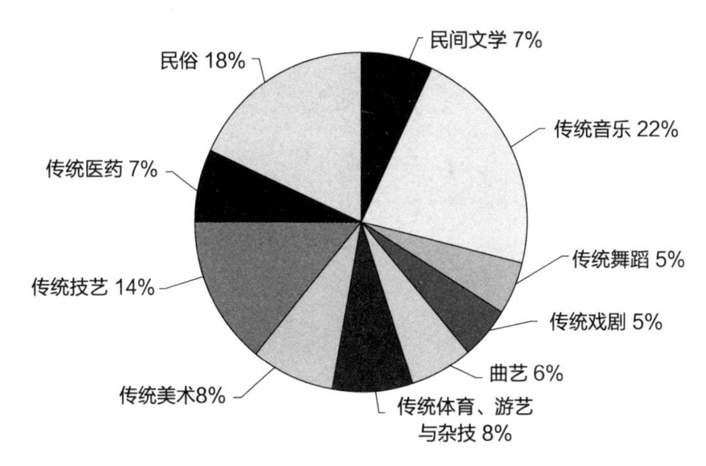

图3-1　内蒙古自治区国家级非遗项目门类占比图

3. 内蒙古自治区的国家级非遗项目及分布情况

内蒙古国家级非遗项目在地区的分布结构上，以呼伦贝尔、通辽、锡林郭勒为多，非遗项目数量分别为18项、15项、14项。自治区区直单位共有13项。从各类型非遗分布来看，传统音乐类非遗项目数量最多，共有23项，并且广泛分布于全区各地，凸显出传统音乐在内蒙古地区重要的文化标识地位，其中以呼伦贝尔、通辽、锡林郭勒、鄂尔多斯等地传统音乐遗产最为丰富，具体项目包括蒙古族呼麦、蒙古族长调民歌、马头琴、潮尔和四胡等。

民俗类非遗项目数量次之，共19项，主要分布在呼伦贝尔、鄂尔多斯和锡林郭勒等地，以婚礼、祭祀、服饰以及节庆为主，包括著名的成吉思汗祭典、祭敖包、鄂尔多斯婚礼、那达慕以及乌珠穆沁婚礼、蒙古族服饰、达斡尔族服饰和鄂温克族服饰等。

传统技艺类非遗共有15项，主要分布在呼伦贝尔、锡林郭勒和阿拉善等地，具体项目为蒙古族勒勒车、蒙古马具、牛羊肉烹制技艺、奶制品制作技艺、蒙古包营造技艺等。传统美术类非遗共有9项，分布在呼和浩特、包头、锡林郭勒和内蒙古区直单位，包括蒙古书法、蒙古刺绣等。

传统体育、游艺与杂技类非遗共有9项，主要分布在呼伦贝尔、阿拉善等地，包括达斡尔族曲棍球、蒙古族博克、蒙古象棋等。

民间文学类非遗共有8项，主要分布在通辽、内蒙古区直单位、锡林郭勒和赤峰，代表项目为格萨（斯）尔、巴拉根仓的故事、嘎达梅林和科尔沁潮尔史诗等。

传统医药类非遗共有7项，主要分布在通辽、兴安盟、呼和浩特等地，代表项目为蒙医药、赞巴拉道尔吉温针和火针疗法等。

曲艺类非遗共有6项，分布在通辽、兴安盟和呼伦贝尔等地，以乌力格尔、好来宝和东北二人转等为主。

传统舞蹈类非遗共有5项，分布在呼伦贝尔、通辽和阿拉善等地，包括萨满舞、安代舞和查玛等。

传统戏剧类非遗共有5项，分布在呼和浩特、赤峰和乌兰察布等地，包括多种二人台、晋剧和皮影戏（区域与项目分布见图3-2）。

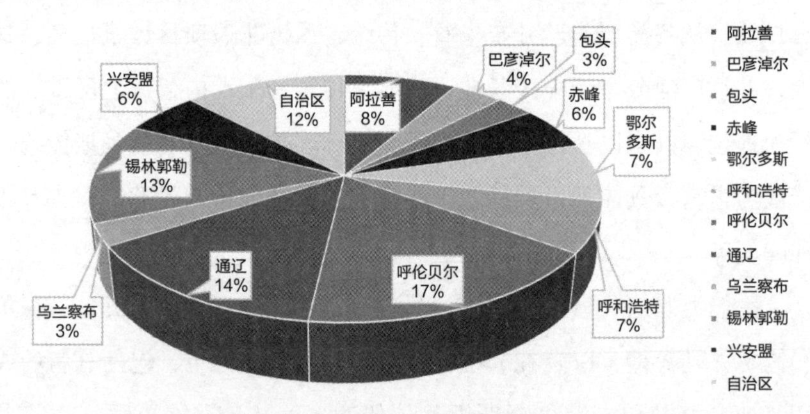

图3-2　内蒙古自治区国家级非遗项目地域分布图

4. 内蒙古自治区的区级非遗项目及分布情况

内蒙古自治区区级非遗项目，从2007年到2018年共6个批次，624项（含扩展项目）。[⑥] 内蒙古自治区区级非遗项目门类占比以传统技艺、民俗和传统美术居多，各有141项、136项和79项，占比分别为 23%、

22%和13%。此外，传统音乐72项，占比11%，传统医药49项，占比8%，传统舞蹈29项，占比5%，传统戏剧15项，占比2%，传统体育、游艺与杂技51项，占比8%，民间文学38项，占比6%，曲艺14项，占比2%（见图3–3）。

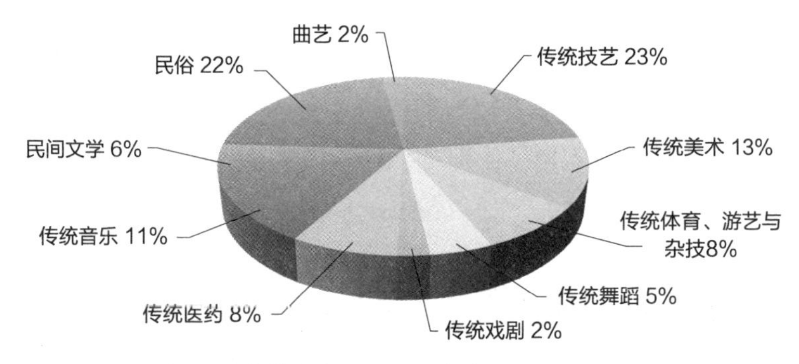

图3–3　内蒙古自治区区级非遗项目门类占比图

从区级非遗项目地区分布来看，在总量上，锡林郭勒、呼伦贝尔和鄂尔多斯等地非遗项目数量较多，项目数量分别为112项、107项和92项。在项目门类分布上，除传统舞蹈和曲艺外，各地分布较为均匀，具体分布情况见图3–4。

从各类型非遗分布来看，传统技艺类非遗项目数量最多，共有171项，并且广泛分布于全区各地，凸显出传统音乐在内蒙古地区重要的文化标识地位，其中以锡林郭勒、呼伦贝尔、鄂尔多斯等地传统音乐遗产最为丰富，具体项目包括蒙古族呼麦、蒙古族长调民歌、马头琴、潮尔和四胡等。

民俗类非遗项目数量次之，有148项，主要分布在鄂尔多斯、呼伦贝尔和锡林郭勒等地，以婚礼、祭祀、服饰以及节庆为主，包括著名的成吉思汗祭典、祭敖包、鄂尔多斯婚礼、那达慕以及乌珠穆沁婚礼、蒙古族服饰、达斡尔族服饰和鄂温克族服饰等。

传统美术类非遗共有110项，主要分布在呼和浩特、赤峰、锡林郭勒、兴安盟和呼伦贝尔等地，具体项目为蒙古族勒勒车、蒙古马具、牛羊肉烹制技艺、奶制品制作技艺、蒙古包营造技艺等。

传统音乐类非遗共有85项，分布在锡林郭勒、呼伦贝尔和鄂尔多斯等地，包括蒙古书法、蒙古刺绣等。

传统体育、游艺与杂技类非遗共有62项，主要分布在呼伦贝尔、阿拉善等地，包括达斡尔族曲棍球、鄂温克抢“枢”、蒙古族博克、蒙古象棋等项目。

民间文学类非遗共有43项，主要分布在通辽、内蒙古区直单位、锡林郭勒和赤峰，代表项目为格萨（斯）尔、巴拉根仓的故事、嘎达梅林和科尔沁潮尔史诗等。

传统医药类非遗共有52项，主要分布在通辽、兴安盟、呼和浩特等地，代表项目为蒙医药、赞巴拉道尔吉温针和火针疗法等。

曲艺类非遗共有15项，分布在通辽、兴安盟和呼伦贝尔等地，以乌力格尔、好来宝和东北二人转等为主。

传统舞蹈类非遗共有31项，分布在呼伦贝尔、通辽和阿拉善等地，包括萨满舞、安代舞和查玛等。

传统戏剧类非遗共有19项，分布在呼和浩特、赤峰和乌兰察布等地，包括多种二人台、晋剧和皮影戏。

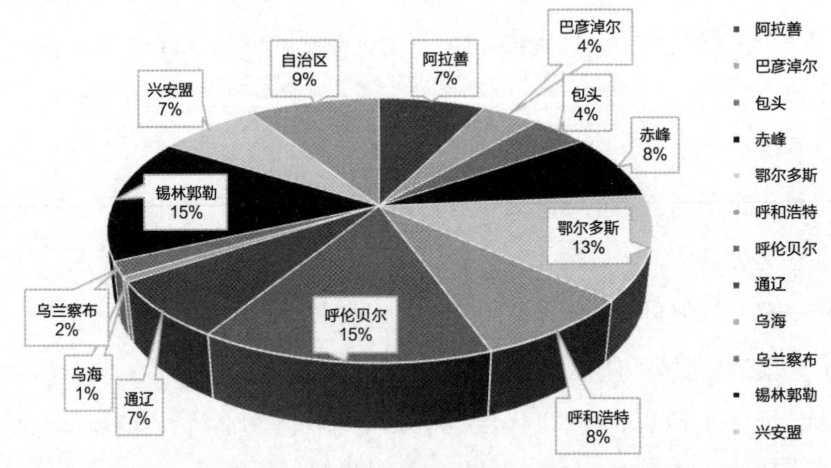

图3-4　内蒙古自治区区级非遗项目地域分布图

从全国范围来看，内蒙古自治区国家级非遗项目，在全部国家级非遗项目当中，占有较大比例，表现不俗，反映出内蒙古多民族多文化汇集融合的区位优势和地区特色（见图3–5）。

在全部十个门类当中，以传统体育、游艺与杂技类最为突出，该类别在全国共166项，内蒙古有9项，占比5.4%。其次为传统音乐类，在全国431项，内蒙古23项，占比5.3%。民俗类别下，全国共计492项，内蒙古有19项，占比3.8%。传统医药类，全国182项，内蒙古7项，占比3.8%。民间文学类，全国251项，内蒙古8项，占比3.1%。曲艺类，全国213项，内蒙古6项，占比2.8%。传统技艺类，全国629项，内蒙古15项，占比2.3%。传统美术类，全国417项，内蒙古9项，占比2.1%。传统舞蹈和传统戏剧类别下，全国分别为356项和473项，内蒙古各5项，占比分别为1.4%和1.0%。

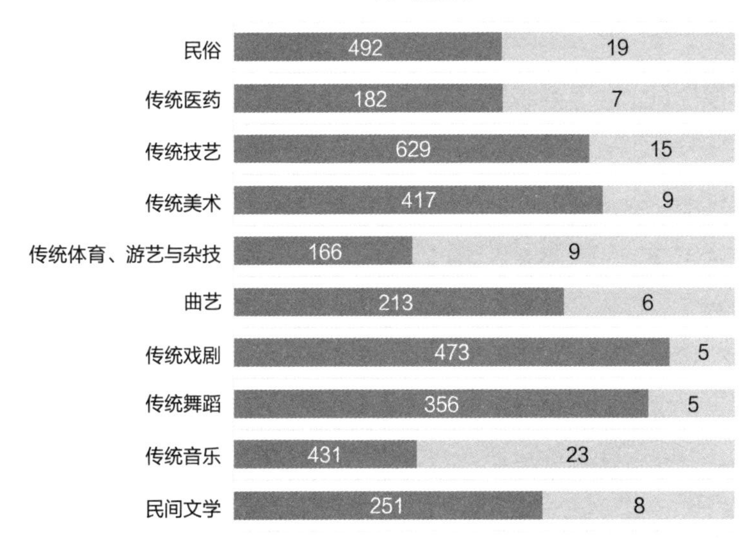

图3–5　内蒙古自治区国家级非遗项目全国占比图

从非遗国家级项目和自治区级项目的申报情况上分析，可以得出以下两方面内容。

第一，体现在门类分布情况上：①自治区级项目申报与国家级项目申报总体上处于相契合的趋势曲线上，同一门类下自治区级项目申报数量多的，相应的国家级项目也多。②相对离散较大的为传统技艺，自治区级171项、国家级15项；传统美术，自治区级110项、国家级9项；民俗，自治区级148项、国家级19项；传统音乐，自治区级85项、国家级23项；传统医药，自治区级52项、国家级7项；传统体育、游艺与杂技，自治区级62项、国家级9项。离散最小的分别是：民间文学，自治区级43项、国家级8项；传统舞蹈，自治区级31项、国家级5项；传统戏剧，自治区级19项，国家级5项；曲艺，自治区级15项，国家级6项。通过数据分析可以看出，这种数据差距显示出国家级非遗与自治区级非遗项目之间存在一定的差异性，这种差异性并不仅仅表现为门类差异性，而是有一定的地域差异，这些问题值得人们继续探寻。究其原因，与内蒙古自治区内非遗保护与传承的力度、手段、存续状态有着必然联系。

内蒙古非遗门类上，民俗、传统医药、传统舞蹈及传统体育、游艺与杂技非遗类项目，在国家级项目数量当中占比，同自治区级项目分布高度契合，这表明无论是从内蒙古本区域内还是区域外观察者的认知角度来看，传统医药、民俗和传统体育、游艺与杂技都是内蒙古自治区典型性的非物质文化遗产，与内蒙古人民相伴而生，折射出区域内各民族的生活方式、价值观念，展现了各民族发展变化的生机和活力，是被广泛认可和接受的符号，具有标识性的地位。

曲艺、传统戏剧、传统音乐、民间文学类非遗项目，则呈现出自治区项目与国家级项目数量占比相分离的趋势，在国家级项目当中，上述门类项目所占比例，远远高于其在自治区级项目中的比例。这一方面是因为这些门类下项目，如蒙古族长调民歌、蒙古族呼麦、格萨（斯）尔、二人台等，无论是从保护、传承还是开发的角度来说，都具有典型性和极高的代表性；另一方面也说明这些非遗门类，地方存量相对较少，或许还有更大的普查发掘空间。相对应的，则是传统美术与传统技艺类非遗项目，在两级名录数据当中，呈现相反的趋势，即传统美术和传统技艺类项目在国家级名录当中占比低于其在自治区级名录当中占比，其中传统美术类两级占比差距为4个百分点，传统技艺类两级占比差距则更是达到了9个百分点。这说明内蒙古在这两个门类的非物质文化遗产上，还有很大的发展空间，除了对珍贵的非遗资源继续真实、系统和全面记录，完善自治区、盟市、旗县三级名录体系，进行抢救性保护和开发之外，对于部分已经收录的项目，在完善保护传承机制的同时，推动非遗产品的品牌化、高端化建设，推动四级非遗制度下的盟市级非遗向自治区级、国家级非遗发展（见图3–6）。

需要注意的是，在非遗名录当中，各门类下的各项目，可以说绝大多数都不是局限于单独的一个领域，都是以一种彼此交错、互相融合的方式表现出来。比如同为民俗的祭敖包与那达慕、那达慕与博克、曲棍球等传统体育项目、传统民俗婚礼与民间文学祝赞词、安代舞与传统音乐、民俗祭祀、传统体育、传统医药的交融。我国现有的四级非遗名录体系，特别是国家级和省级名录项目，往往具有极大的包容性，这既是现代理性范畴内的非遗名录体系，同田野化、生活化、口头化的非物质文化遗产之间的内在张力的体现，也是各民族在历史时空中同田共耕，接触、混杂、联结和融合，你中有我，我中有你，形成各具特色的多元统一体的自然果实。

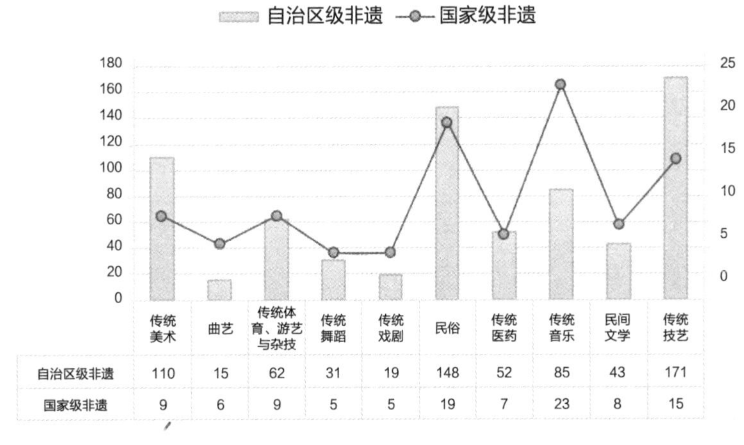

	传统美术	曲艺	传统体育、游艺与杂技	传统舞蹈	传统戏剧	民俗	传统医药	传统音乐	民间文学	传统技艺
自治区级非遗	110	15	62	31	19	148	52	85	43	171
国家级非遗	9	6	9	5	5	19	7	23	8	15

图3–6　内蒙古自治区国家级非遗项目与自治区级非遗项目门类比较图

第二，在国家级非遗项目和自治区级非遗项目的地域分布情况对比上看，项目分布范围和趋势，总体上呈契合态势，呈现出正态分布标志。其中，以通辽、乌兰察布契合度最高。通辽申报自治区级项目52项，国家级名录收录15项，占比为28.8%；乌兰察布申报自治区级项目13项，国家级名录收录3项，占比为23%；其他地区两级项目占比基本保持在10%以上，其中，呼伦贝尔16.8%、阿拉善16.3%、巴彦淖尔13.3%、锡林郭勒12.5%、呼和浩特11.6%、兴安盟11.3%，包头和赤峰均为10%；乌海没有申报国家级名录项目；鄂尔多斯申报自治区级项目92项，国家级名录收录8项，占比为8.7%。另外，以自治区单位申报的项目两级占比约为19.4%。

各地区在所申报的两级非遗项目中的占比，比较契合的是呼伦贝尔、乌兰察布、阿拉善和巴彦淖尔，其中呼伦贝尔和阿拉善两地两级项目分布，契合程度最高。而通辽、锡林郭勒、呼和浩特、兴安盟、赤峰和鄂尔多斯，则在占比上分布较为离散，其中通辽录入国家级名录的项目有15项，而录入自治区级名录项目为52项，国家级项目占比远远大于自治区级项目占比；另外，鄂尔多斯、赤峰、包头、锡林郭勒等地，都是自治区级项目占比，较国家级项目占比要高出许多，其中鄂尔多斯差距最大，说明这些地区在拥有丰富的非遗资源的同时，在推进现有非遗项目的提升和发展上，还有很大的空间。此外，自治区直属单位因为统计口径、乌海因为数量太少，都被视作特例。

民族分布和群落集聚的分布，是影响非遗发掘、保护与传承的重要因素。锡林郭勒、通辽、兴安盟、呼伦贝尔都是内蒙古自治区内多民族比例高的地区，各民族聚居使得特定的民族文化传统、习俗和生活方式、精神财富和文艺作品得到了更为完整的保存。而包头、巴彦淖尔、乌海、乌兰察布等地，少数民族在总人口结构当中占比较低，相应地导致这些地区总的非遗数量较少。

在非遗项目的绝对数量分布上，内蒙古非遗资源主要分布在锡林郭勒、鄂尔多斯、呼伦贝尔等旅游业发达的地区，体现了非物质文化遗产所具有的文化、娱乐、审美价值，和旅游业态的相互促进、相互带动的作用，围绕非遗主题的旅游业态，趋势上成为非遗保护与利用的重要方式。

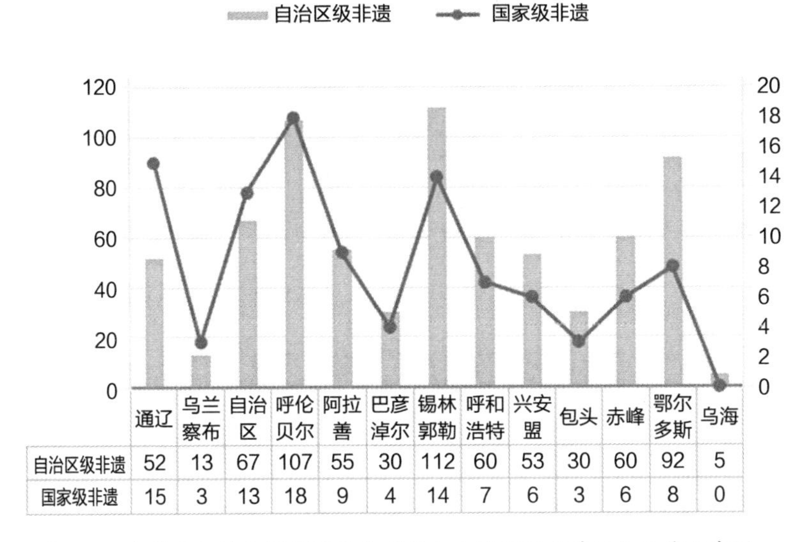

	通辽	乌兰察布	自治区	呼伦贝尔	阿拉善	巴彦淖尔	锡林郭勒	呼和浩特	兴安盟	包头	赤峰	鄂尔多斯	乌海
自治区级非遗	52	13	67	107	55	30	112	60	53	30	60	92	5
国家级非遗	15	3	13	18	9	4	14	7	6	3	6	8	0

图3-7　内蒙古自治区国家级非遗项目与自治区级非遗项目地域分布图

通过图3-7可以看出，内蒙古自治区自2004年启动非物质文化遗产保护工程以来，经过近20年的不断探索，在我国非遗保护和传承方面做出了巨大的贡献，并且取得了丰硕的成果。这些数据背后显现出的，是众多优秀的非遗传承人、非遗工作者、非遗研究者以及普通民众对非遗事业的关注和支持，这些非遗项目需要大众的参与，也需要更多人的关注和支持，在新政策的推动下，内蒙古这样的边疆地区，势必会对我国非遗事业做出更大的贡献。

二、内蒙古长城沿线非遗资源呈多聚点、散发状态分布

长城国家文化公园的规划建设，是全球线性文化遗产保护中不可多得的典范。依托长城万里沿线的文物、文化资源所形成的公共文化空间，长

城国家文化公园不仅是人文交流的平台，还是中华民族精神永续传承的标志和中华文化自信的载体。文化遗产资源，对于系统研究长城文化、构建理论和话语体系、阐发长城精神价值内涵，有着不可替代的地位。在某种意义上，非物质的、无形的东西，甚至比物质的、有形的东西更加重要。非物质文化遗产传承的是生活世界中的、偶然生成的、鲜活的身体实践，它不仅反映了群体的艺术特征、审美情趣，还包括人类的情感，包含着难以言传的意义和不可估量的价值，它与我们的生活和整个社会息息相关。一个民族的非物质文化遗产，往往蕴含着该民族传统文化最深的根源，保留着该民族文化的原生状态以及该民族特有的思维方式。

1. 非遗产生于长城沿线的多重文化碰撞交融

内蒙古自治区内的广袤地域上分布的璀璨繁多的非物质文化遗产资源，是数千年的文明积淀、多个民族的文化基因传承。农耕文明的勤劳质朴、崇礼亲仁，草原文明的热烈奔放、勇猛刚健，在长城沿线碰撞交融，源源不断注入中华民族的特质和禀赋，共同熔铸了以爱国主义为核心的伟大民族精神。长城沿线是中华民族多种音乐传统、多元音乐文化分布最为集中的地区。不同形式、不同传承的音乐文化，是中华民族文化多样性的生动体现，是各族人民创造力的成果，也是中华民族文化多元统一的重要途径。

在长城沿线的广袤地域内，有在全世界范围内的各种草原文化和游牧文化当中具有绝无仅有的代表性的蒙古族长调民歌、蒙古族呼麦等音乐形式；有在民族迁徙融合过程中形成的，以蒙古族短调民歌为主体，融入汉族民歌的漫瀚调；有源于中国古风和乐府，受《诗经》《敕勒歌》《木兰辞》影响的爬山调；有历史久远、内容丰富、节奏自由、情感细腻的蒙古族、鄂伦春族、达斡尔族民歌；还有气势恢宏华丽的蒙古族汗廷音乐。既有反映民族性格内涵、蕴含生活和历史形态，表达对自然、宇宙的哲学思考的潮尔、马头琴、四胡等弦乐音乐，也有发端于各种宗教仪式，或具有浓郁民间本色，或充满神秘色彩的查玛、安代舞、萨满舞、鲁日格勒舞、萨吾尔登等舞蹈。长城沿线区域内的多民族音乐文化遗产，最突出地体现了中华民族文化的多元性和统一性。它是天籁之音，是草原的礼赞，是对全人类精神文化的珍品。

2. 内蒙古非遗典型类型分析

在中华民族大家庭当中，蒙古族自古以来以能歌善舞著称，音乐和蒙古人民的生活息息相关。长期的游牧生产、生活中蒙古族创造了丰富多彩的音乐文化。蒙古族的音乐文化范畴，内涵丰富，外延广大。一般认为，在自治区的范围内，蒙古族音乐文化在空间地域上，展现着南北类型的差异与东西风格的差异。⑦在南北方向上，大兴安岭、阴山、贺兰山以北的呼伦贝尔、锡林郭勒、乌拉特北部、阿拉善以及喀尔喀、卫拉特等地，民间音乐以传统史诗、长调、马头琴、呼麦、潮尔道以及传统礼俗音乐等为主，更多地保持着蒙古族草原游牧音乐文化的内容和特征；而以南的科尔沁、东土默特、喀喇沁以及鄂尔多斯南部等历史上以农耕或半农半牧的经济生产形态为主的地区，则以短调民歌、胡仁乌力格尔、叙事民歌、民间合奏等新兴体裁为主，具有鲜明的近代化特征。在东西方向上，内蒙古自治区内的音乐空间，可以分为三大音乐文化区，位于中间的蒙古高原中心音乐文化区，东侧的科尔沁音乐文化区，以及西侧的卫拉特音乐文化区。其中蒙古高原中心音乐文化区相对完整地保持着蒙古族草原游牧文化时期固有的音乐风格面貌；东部科尔沁音乐文化区，既表现出鲜明的近代化特征，又表现出蒙、汉和蒙、藏民族文化交融的特点；而西部卫拉特音乐文化区，则在某种程度上受到毗邻中亚民族的影响，在某些体裁及风格上表现出不同于其他音乐文化区的特点。

在类型上，蒙古族传统音乐，包括民间音乐、宫廷音乐、宗教和祭祀音乐几个大类，民间音乐是其中内容最丰富、最具活力、最具代表性的类型。它又包括民歌、歌舞音乐、说唱音乐、器乐音乐四种。其中，蒙古族民歌根据声部的多寡可分为单声部民歌和多声部民歌。单声部民歌，根据旋律和节奏特点，分为长调和短调。

（1）长调

蒙古族长调民歌，是草原文化和游牧文化最具代表性的音乐艺术形式，所包含的题材与族群社会生活紧密相连，是蒙古族全部节日庆典、婚礼宴会、亲朋相聚、“那达慕”等活动中延续至今的节目，代表曲目有《走马》《小黄马》《辽阔的草原》《辽阔富饶的阿拉善》等。长调是对与短调相区别的类型的称谓，特指速度徐缓、气息悠长、旋律自由的一种民歌形式。长调是蒙古歌唱艺术最高成就的艺术形式，被誉为草原音乐活化石。相较于短调富有“节奏性，较少装饰音，曲调简洁，旋律起伏不大，带有鲜明的宣叙性”的特点，[⑧] 长调的艺术特点则可归纳为：速度徐缓自由、气息宽广辽阔；节拍自由、无固定的重音循环规律；旋律节奏的律动为非均分性、无重复性；句法自由、无严格的对称性，总体结构为非方整性；曲式规模庞大、音域宽广；腔长字疏，旋律的起伏、曲式的发展和情绪的渲染是通过一字尾音如“啊”“唉”等简单衬词的延长而获得；特定的音色和特殊的演唱技巧，形成凝聚而透明、辽阔而遥远的音色，以“诺古拉”（蒙古语音译，波折音或装饰音）为名的演唱技巧，是长调所独有的特征，有着宁静含蓄的意境，博大辽阔的视野感，雍容温儒的气质，深沉委婉的轮廓与庄严肃穆的精神境界。[⑨]

长调民歌发展和成熟于北元时期，其时的蒙古族人走出大兴安岭额尔古纳河山林地带，跨入广阔的蒙古高原，由狩猎民族转变为游牧民族，由落后走向进步，由封闭走向开放，在社会形态上完成了从早期奴隶制向游牧封建制的飞跃，开始从事畜牧业生产。随着生产方式的变化，原来的一些古老的音乐形式，已经不能满足时代的需要，于是蒙古牧民便创作出了节奏绵延、音域高亢辽阔，生动反映游牧的生活和丰富的思想情感的长调民歌。在历史的进程中，长调逐渐取代了结构规整、篇幅短小的狩猎歌曲，逐步占据了蒙古民歌的主导地位，最终形成了蒙古族音乐的典型风格，并对蒙古族音乐的其他演唱演奏形式均产生了非常深远的影响。长调突出表现了蒙古游牧文化的特质，并与蒙古民族的文字、语言、宗教、历史以及风俗习惯等方面紧密联系在一起，贯穿于蒙古民族的社会生活中。长调民歌与蒙古民族的游牧生存方式息息相关，与草原人的语言、文学、历史、宗教、心理、 世界观、生态观、人生观、风俗习惯等紧密地联系在一起。无论过去、现在还是将来，长调民歌不仅是蒙古民族最精美、最典型的文化样式，而且是蒙古民族生存方式的标志性展示。[10]除蒙古族长调民歌入选联合国教科文组织非遗名录以外，巴尔虎长调、乌珠穆沁长调登录国家级非遗代表名录，苏尼特长调、扎赉特长调、乌珠穆沁长调登录自治区级名录。根据蒙古族音乐文化的历史渊源和音乐形态的现状，长调可界定为由北方草原游牧民族在畜牧业生产劳动中创造的，在野外放牧和传统节庆时演唱的一种民歌。长调旋律悠长舒缓、意境开阔、声多词少、气息绵长，旋律极富装饰性（如前倚音、后倚音、滑音、回音等），尤以“诺古拉”演唱方式所形成的华彩唱法最具特色。在相当长的历史时期内，它逐渐取代结构方整的狩猎歌曲，占据了蒙古民歌的主导地位，最终形成了蒙古族音乐的典型风格，并对蒙古族音乐的其他形式产生了深刻的影响。

（2）呼麦

呼麦是北方草原民族最为古老的艺术形式之一。在我国内蒙古、新疆阿尔泰山及俄罗斯图瓦共和国、蒙古国境内等不同的区域内，呼麦以不同的表现形态、不同的传承模式，广为分布和流传。

呼麦在音乐技术形式上，是指一个人纯粹利用自身的发声器官在气息和特殊的发声方法作用下，产生多种和声的艺术现象。呼麦一词，蒙古族称之为“浩林·潮尔”，浩林指“喉、嗓”，“潮尔”则为“共鸣”之意，指人用嗓音模仿器乐曲子的时候，运用特殊的闭气技巧，发出有力发闷的低沉喉腔共鸣，并在这一浑厚的低声部持续长音之上，唱出清亮透明的高声部泛音旋律。潮尔音乐有着诸多的形态，如阿巴嘎潮尔、冒顿潮尔、托克潮尔、乌它顺潮尔等，涵盖了器乐与声乐领域。呼麦作为单人演唱的人声潮尔，既有带哨音的高音呼麦，也有不带哨音的中音和低音呼麦。

呼麦被誉为需要以突破人的声音可塑性的极限，以超出发挥人驾驭和运用声音能力之所及的独特歌唱技巧来表现，是独一无二的演唱形式。呼麦是“地地道道的男子汉的艺术”（乌兰杰），最主要的内容是赞颂和祭祀，演唱场合有严格的规定，它不被允许在生活中的一般场合演唱，不允许与情歌、讽刺歌曲、划拳歌曲等歌曲混在一起演唱，只有在国事祭奠、敖包祭祀、王公贵族升迁等庄严的场合和隆重、盛大的群众集会中才可以演唱。[11] 从历史与文化的角度来看，呼麦通过独特的艺术效果，为仪式的参与者营造了一种对宇宙、自然、祖先和英雄庄重而肃然起敬的气氛，通过演唱者的歌声达成与崇高对象的交流。在长期的文化交融过程中，呼麦吸收了佛教、道教的内容、观念和仪式，扬弃了原初的萨满教的多神崇拜，以中原农耕文化的典制、雅乐取代原始宗教的祝仪，是民间音乐与宗教性崇拜意识在祭祀性仪式当中统一的产物。[12] 随着历史的进程，呼麦在逐步回到民间以后，在保持其严格的礼教和禁忌限制的同时，又因为它契合了草原民族对生活世界的感悟和审美心态，而获得了额外的生命力。今天作为一种传统音乐形态的呼麦，以其无与伦比的方式，在人类艺术经典的宝库中，占有一席之地。

（3）成吉思汗祭典

成吉思汗祭典，祭祀的是成吉思汗的英灵。古代蒙古族的萨满信仰相信万物有灵，人死后灵魂永存，成吉思汗作为历史上的英雄，赢得了全体蒙古人的崇拜，对成吉思汗英灵的祭祀，凝结着蒙古族人民的民族感情。祭奠的仪式、规则和习俗的传承与演化，是蒙古族文化绵延的见证，是国家级非物质文化遗产之一。

成吉思汗祭典主要是表达对长生天、祖先、英雄人物的崇拜，祭奠中再现了古老的蒙古民族牲祭、火祭、奶祭、酒祭、歌祭等形式，诸多富有特色的珍贵祭器则表现了草原民族对大自然和动物的艺术审美观念。蒙古族为了纪念自己杰出的领袖，在漠北高原建立了成吉思汗陵“八白室”（八座可以移动的白色蒙古包）。达尔扈特是成吉思汗陵的守灵部落，在草原世代祭祀成吉思汗已经有近800年的历史，成吉思汗祭典完全保留着13世纪以来蒙古帝王祭祀仪式的原貌，成为形式独特、内容丰富、内涵深刻的民族文化遗产。

成吉思汗祭祀文化是社会历史变迁进程中多民族文化互相吸收融合的产物。祭祀文化的演变主要体现在两个方面，“一为其祭祀文化空间的变迁，二为其陵寝的象征物的变迁”[13]。成吉思汗于1227年在征伐西夏战役中去世之后，即建起了八白室，承受奉戴和祭祀，成吉思汗的祭祀即围绕着八白室展开。随着农耕文化的影响和元朝的建立，最初以毡帐形式存在的八白室，很快变成固定的房屋，成为具有汉文化特点的太庙，供奉黄金家族的祖先，祭奠的仪式也在“当时的政治需要以及儒家和佛教文化作用下，演变成为形式较为复杂、规模较为庞大的朝廷正式仪式”[14]。在文化意义和社会功能上，祭祀仪式“也从过去具有浓厚萨满教色彩的、以纪念祖先为主要目的的仪式，演变成为直接为政治合法性服务的祭祀活动”。在统治政权撤出中原的过程当中，成吉思汗祭祀放弃了中原皇帝祭祀的陵墓和宫殿形式，回归蒙古包毡帐的灵帐形态。“移动的祭祀文化空间是与游牧的生计方式相一致，同时也反映了草原游牧民族的生态观。”[15]灵帐作为草原游牧民族文明的物质性标识，反映了草原民族逐水草而居的生活方式。

清朝时期，成吉思汗祭典中与黄金家族政治权力相关的内容被逐渐剥离，祭典仪式开始稳定化，八白室以及苏力德大多集中到了今天的鄂尔多斯地区，达尔扈特守陵人的地位也得到确立。祭典的社会和文化意义也出现了大变革，非黄金家族的男性以及普通女性，获得了参加祭典的机会，祭典开始具有全民参与的特征。随着在仪式当中佛教占有越来越大的成分，祭祀也具有了人们因之祈福的因素。成吉思汗祭典，主要围绕成吉思汗宫帐所形成的八白室祭祀和苏力德祭祀展开，形式上有日祭、月祭、年祭以及四时祭，即春祭察干苏鲁克（农历三月二十一）、夏祭淖尔（农历五月十五）、秋祭斯日格（农历九月十二）和冬祭达斯玛（农历十月初三）祭典等，其中尤其以四时大典当中的春祭察干苏鲁克最为隆重，察干苏鲁克的主祭日，其时其他的八白室都会集于伊金霍洛，一同参加祭祀。作为今天祭祀象征物的八白室，历史上包括：成吉思汗白室、孛儿帖哈屯白室、忽兰哈屯白室、也遂哈屯白室、也速干哈屯白室、额希哈屯白室、弓箭白室和鞍辔白室。苏力德祭祀包括哈日苏力德（黑苏力德）、察干苏力德（白苏力德）和阿拉格苏力德（花苏力德），苏力德从萨满教的祭天习俗而来，既是民间崇拜的习俗，也因成吉思汗的缘故而有了战旗的意义，哈日苏力德和阿拉格苏力德，即是今天成吉思汗祭典的神物，相应的八白室也就变成成吉思汗与孛儿帖的白宫；呼兰哈屯白宫；也遂哈屯与也速干哈屯白宫，内置灵柩和成吉思汗的两把马刀；宝日温都尔白宫，内置成吉思汗祭天所用奶桶。而苏力德部分则包括：哈日苏力德白宫；弓箭白宫；大布日耶和小布日耶白宫，内置木制军用号角；鞍辔白宫，内置成吉思汗用过的马鞍和马具。⑯

今天的成吉思汗祭典，经过了历史的长河，从最初和黄金家族的祖先祭祀，演化成封建国家皇室的祭典，再成为民族国家团结抵御外寇的精神象征，进而成为今天的全民节日和中华民族多元统一的标识。从早期原始萨满教风格的长生天祭祀，到中原儒家的祭典制度和佛教诵经仪式成为主流、成吉思汗成为佛教的金刚王，再到今天返璞归真，成为展示传统，重视传承，共享、包容和开放的民俗空间。对于长城国家文化公园所要建构的长城精神来说，成吉思汗祭典，即是蒙古族表达自己对民族祖先和民族英雄的崇拜和信仰，确认自己的归属和认同，以及族群文化边界的传统民俗仪式。

三、长城国家文化公园促进内蒙古地区非遗的保护与传承

马克思在评价古希腊史诗和神话的时候，曾说道："谁都知道，希腊神话不仅是希腊艺术的武库，而且是希腊艺术的土壤。""困难并不在于了解希腊艺术和史诗是与社会发展的某些形态相关联的。困难是在于了解它们还继续供给我们以艺术的享受，而且在某些方面还作为一种标准和不可企及的规范。"[17]在过去的文化和历史中孕育了民族的审美精神和美学意义。在我们回顾历史、面向当下、展望未来的时候，几千年不间断的历史长河中沉淀的有形和无形的文化遗产，不仅仅是社会得以延续的文化命脉，更是本民族文明的结晶和全人类共同的财富。建设长城国家文化公园的重要目的，就是通过保护长城文物，整理非物质文化遗产资源，从而传承长城文化、发掘长城精神，构建出国家文化公园的理论和话语体系。

1. 建设长城国家文化公园推动内蒙古地区进行非遗普查工作

非物质文化遗产，一方面，蕴含着古老的文化观念和深远的精神根源，积淀了民族特有的思维方式、心理活动的深层结构，保留着民族文化的原初状态；另一方面，又是活的、动态的、口头的、非物质的文化遗产，是一个群体、族群和民族信念的活的历史和精神基石，对它的发现和认识，能让我们在"我们从哪里来""我们是谁"这类宏大深邃的命题上找到自己的答案，并将据此探索出"我们向哪里去"的道路。如果检视现

代非物质文化遗产（口头、无形遗产）保护和传承工作的缘起，我们可以很清楚地看到，“非物质文化”是一个现代性学术名词。非物质文化遗产的概念，从一开始就是在体现主权国家之间博弈和共谋的国际公约中诞生的，是在国家政府推动下被学界和普通民众接受的。[18] 非物质文化资源，是在主权国家介入后，被赋予了政治、经济、民族情感的附加值，超越了个体、群体和区域的视角。2021年8月，内蒙古自治区文化和旅游厅召开长城国家文化公园建设工作推进会，来自12个盟市的分管领导、文旅局局长等相关负责同志参加了会议。来自长城国家文化公园建设的重点盟市呼和浩特市、包头市、巴彦淖尔市的代表分别发言，交流本地区工作推进情况和下一步工作安排，各地将继续开展非遗普查，征集非遗作品创作，开展各项展示宣传活动，为长城国家文化公园做好价值挖掘和内涵阐释工作。

2. 长城国家文化公园发展战略推动非遗与文化产业相结合

党的十九大报告针对传统文化的发展，提出了要“推动中华优秀传统文化创造性转化、创新性发展”的目标。2021年《“十四五”非物质文化遗产保护规划》（以下简称《规划》）出台，明确提出要推动传统工艺类非遗在现代生活中得到新的广泛应用，“根据非遗特点和存续状况，实施分类保护。继续实施《中国传统工艺振兴计划》，加强各民族优秀传统手工艺保护和传承，推进传统工艺高质量发展。落实《中华人民共和国中医药法》，与有关部门共同研究制定《传统医药类非物质文化遗产传承发展计划》，推动传统医药类非遗保护传承。实施戏曲振兴工程、传统节日振兴计划、曲艺传承发展计划。针对民间文学、传统音乐、传统舞蹈、民俗及传统体育、游艺与杂技类非遗的不同特点，探索与之相适应的保护方式”[19]。《规划》在此明确指出了，要对非遗的特殊门类进行有效转化，开发非遗的当代价值，使之造福于人民，给社会做出贡献。为此，国家将大力提供政策支持、平台建设，打造品牌以及培养人才队伍。《规划》对于非遗“服务社会经济发展”的功能也做出明确解释，非遗要“融入重大国家战略。加强对京津冀协同发展、长江经济带发展、粤港澳大湾区建设、长三角一体化发展、黄河流域生态保护和高质量发展、推进海南全面深化改革开放等重大国家战略中的非遗保护传承，建立区域保护协同机制。建立黄河流域、大运河沿线、长城沿线、长征沿线非遗保护协同机制。在雄安新区、北京城市副中心以及国家文化公园建设中，凸显非遗元素，强化非遗保护传承。在实施乡村振兴战略和新型城镇化建设中，发挥非遗服务基层社会治理的作用”。文化和旅游部以及长城沿线各省（区、市），都在积极利用长城资源，通过文旅融合等方式，助力周边乡村振兴。在推进长城国家文化公园建设的过程中，环境配套工程有效地带动了长城周边乡村基础设施和服务设施的品质提升，积极完善了旅游产业的公共服务，加大了旅游的宣传。长城国家文化公园项目为乡村建设吸引来了更多投资者和游客，同时还刺激了传统手艺人和传统手工艺、非遗技艺的复兴。传统手工艺不仅具有地域文化价值、审美价值，还承载着各民族的时代精神和智慧结晶，能够作为重要的具有差异性的文化资源，显现出蓬勃的社会、经济与文化的高附加值。

3. 长城国家文化公园为非遗提供国家平台架构

建设国家文化公园的一个目标是扶持乡村振兴，乡村振兴提供给非遗文化以发展的支撑。对待非物质文化遗产，如果提升不到珍视生存资源和文化资本的理论自觉高度，仅仅有像对待古董和收藏文物那样的保护意识，是绝对不够的。[20]

国家提出要以文化产业赋能乡村振兴，通过“实施中国传统工艺振兴计划，推动传统工艺在现代生活中广泛应用。鼓励非物质文化遗产传承人、设计师、艺术家等参与乡村手工艺创作生产，加强各民族优秀传统手工艺保护和传承，促进合理利用，带动农民结合实际开展手工艺创作生产，推动纺染织绣、金属锻造、传统建筑营造等传统工艺实现创造性转化和创新性发展。推动手工艺特色化、品牌化发展，培育形成具有民族、地域特色的传统工艺产品和品牌，鼓励多渠道、多形式进行品牌合作，提升经济附加值。充分运用现代创意设计、科技手段和时尚元素提升手工艺发展水平，推动手工艺创意产品开发”[21]。为贯彻落实中共中央办公厅、国务院办公厅印发的《关于进一步加强非物质文化遗产保护工作的意见》，深入实施传统工艺振兴计划、曲艺传承发展计划，加强非遗保护研究，探索推进新型城镇化进程中的非遗保护，内蒙古自治区文化和旅游厅开展了自治区传统工艺工作站、非遗就业工坊、非遗曲艺书场、非遗研究基地、“非遗在社区”试点的申报评审等工作：

①增设包头市东河区文化馆等5个自治区传统工艺工作站。

②设立内蒙古蒙源文化发展有限公司等9个非遗就业工坊。

③设立内蒙古艺术剧院乌力格尔艺术宫等5个非遗曲艺书场。

④设立内蒙古师范大学等8个非遗研究基地。

⑤设立呼和浩特市前巧报社区等10个“非遗在社区”试点。

内蒙古自治区文化厅在《关于振兴传统工艺的实施意见》中指出，振兴传统工艺，有助于内蒙古优秀文化的传承与发展，增强文化自信。内蒙古的传统手工艺文化如蒙古族服饰、蒙古族刺绣、蒙古包、剪纸等，是民族传统文化、非遗文化的重要组成部分。通过鼓励各地发掘乡村传统节庆、赛事和农事节气，结合“村晚”“乡村文化周”“非遗购物节”和中国农民丰收节等活动，因地制宜培育地方特色节庆会展活动，并以市场化方式运营具有乡土文化特色的艺术节展。内蒙古传统手工艺的传承及其产业化的发展，不仅是内蒙古传统技艺与造物思想的传承、传统知识的经济转化，背后还蕴含着巨大的社会价值体系。相对于物质文化遗产而言，非物质文化遗产，是不可能单独地作为一种意识形态而存在的，它总是要通过相应的物质载体表现出来。更需要关注的并非这些遗产的物质层面，而是隐含在物质层面之后的宝贵的精神内涵和历史传统。因而非物质文化遗产更加具有主观性、观念性，而且在传承方式上以口传、身授、意会等精神交流为特征。[22]

国家文化公园是文化保护与传承的新窗口，绵延万里的长城，疆域广阔的内蒙古自治区，为国家文化公园“跨地区”“跨种类”“主体多元”的特点，提供了最好的展示舞台，为点面结合、以点带面的文化经济带的打造，提供了取之不尽的动力来源。对于内蒙古长城国家文化公园而言，长城和内蒙古自治区范围内深邃广大、具有历史和区域特色的文化遗产，公园线路上五彩缤纷的自然和文化资源，既是长城国家文化公园建设过程当中凝练价值、表达主题、规划主体布局和基础建设的出发点，也是打造开放的文化空间，实现保护、传承、开放和利用并举；既能准确到位、神形兼备地阐释遗产，又能经济、社会和文化效益并举，打造有活力的文化旅游体系的依托。

附录一：

国家级非物质文化遗产代表性项目（内蒙古自治区）

项目编号	名称	类别	区域	申报地区或者单位	年份
Ⅷ-110	地毯织造技艺（阿拉善地毯织造技艺）	传统技艺	阿拉善	阿拉善盟阿拉善左旗	2008
Ⅷ-168	牛羊肉烹制技艺（烤全羊技艺）	传统技艺	阿拉善	阿拉善盟	2008
Ⅷ-196	银铜器制作及鎏金技艺（乌拉特铜银器制作技艺）	传统技艺	巴彦淖尔	巴彦淖尔市乌拉特中旗	2021
Ⅷ-46	蒙古族勒勒车制作技艺	传统技艺	赤峰	赤峰市阿鲁科尔沁旗	2008
Ⅷ-112	鄂伦春族狍皮制作技艺	传统技艺	呼伦贝尔	呼伦贝尔市鄂伦春自治旗	2008
Ⅷ-181	蒙古包营造技艺	传统技艺	呼伦贝尔	呼伦贝尔市陈巴尔虎旗	2008
Ⅷ-83	桦树皮制作技艺	传统技艺	呼伦贝尔	呼伦贝尔市鄂伦春自治旗	2006
Ⅷ-83	桦树皮制作技艺（鄂温克族桦树皮制作技艺）	传统技艺	呼伦贝尔	呼伦贝尔市根河市	2008
Ⅷ-123	蒙古族马具制作技艺	传统技艺	通辽	通辽市科尔沁左翼后旗	2008
Ⅷ-124	民族乐器制作技艺（蒙古族拉弦乐器制作技艺）	传统技艺	通辽	通辽市科尔沁右翼中旗	2011
Ⅷ-181	蒙古包营造技艺	传统技艺	锡林郭勒	锡林郭勒盟西乌珠穆沁旗	2008
Ⅷ-226	奶制品制作技艺（察干伊德）	传统技艺	锡林郭勒	锡林郭勒盟正蓝旗	2014
Ⅷ-46	蒙古族勒勒车制作技艺	传统技艺	锡林郭勒	锡林郭勒盟东乌珠穆沁旗	2006
Ⅷ-181	蒙古包营造技艺	传统技艺	自治区	自治区文学艺术界联合会	2008
Ⅷ-44	弓箭制作技艺（蒙古族牛角制作技艺）	传统技艺	自治区	内蒙古师范大学	2011
Ⅶ-124	蒙古族唐卡（马鬃绕线堆绣唐卡）	传统美术	阿拉善	阿拉善盟阿拉善左旗	2021
Ⅶ-16	剪纸（包头剪纸）	传统美术	包头	包头市	2011

续表

项目编号	名称	类别	区域	申报地区或者单位	年份
Ⅶ-56	石雕（巴林石雕）	传统美术	赤峰	赤峰市	2021
Ⅶ-139	皮艺（蒙古族皮艺）	传统美术	呼和浩特	呼和浩特市	2021
Ⅶ-16	剪纸（和林格尔剪纸）	传统美术	呼和浩特	呼和浩特市和林格尔县	2008
Ⅶ-126	毛绣（察哈尔毛绣）	传统美术	乌兰察布	乌兰察布市察哈尔右翼后旗	2021
Ⅶ-81	蒙古族刺绣	传统美术	锡林郭勒	锡林郭勒盟苏尼特左旗	2014
Ⅶ-81	蒙古族刺绣（图什业图刺绣）	传统美术	兴安盟	兴安盟科尔沁右翼中旗	2021
Ⅶ-118	蒙古文书法	传统美术	自治区	自治区	2014
Ⅵ-20	蒙古族象棋	传统体育、游艺与杂技	阿拉善	阿拉善盟	2008
Ⅵ-22	沙力搏尔式摔跤	传统体育、游艺与杂技	阿拉善	阿拉善盟阿拉善左旗	2008
Ⅵ-72	蒙古族驼球	传统体育、游艺与杂技	巴彦淖尔	巴彦淖尔市乌拉特后旗	2014
Ⅵ-96	乌审走马竞技	传统体育、游艺与杂技	鄂尔多斯	鄂尔多斯市乌审旗	2021
Ⅵ-15	达斡尔族传统曲棍球竞技	传统体育、游艺与杂技	呼伦贝尔	呼伦贝尔市莫力达瓦达斡尔族自治旗	2006
Ⅵ-40	鄂温克抢枢	传统体育、游艺与杂技	呼伦贝尔	呼伦贝尔市鄂温克族自治旗	2008
Ⅵ-71	布鲁	传统体育、游艺与杂技	通辽	通辽市库伦旗	2014
Ⅵ-16	蒙古族博克	传统体育、游艺与杂技	锡林郭勒	锡林郭勒盟东乌珠穆沁旗	2014
Ⅵ-16	蒙古族博克	传统体育、游艺与杂技	自治区	自治区	2006
Ⅲ-57	查玛	传统舞蹈	阿拉善	阿拉善盟	2008
Ⅲ-94	萨吾尔登	传统舞蹈	阿拉善	阿拉善盟额济纳旗	2021
Ⅲ-104	鄂温克族萨满舞	传统舞蹈	呼伦贝尔	呼伦贝尔市根河市	2011
Ⅲ-28	达斡尔族鲁日格勒舞	传统舞蹈	呼伦贝尔	呼伦贝尔市莫力达瓦达斡尔族自治旗	2006
Ⅲ-29	蒙古族安代舞	传统舞蹈	通辽	通辽市库伦旗	2006

续表

项目编号	名称	类别	区域	申报地区或者单位	年份
Ⅳ–73	二人台	传统戏剧	包头	包头市土默特右旗	2021
Ⅳ–91	皮影戏（巴林左旗皮影戏）	传统戏剧	赤峰	赤峰市巴林左旗	2011
Ⅳ–18	晋剧	传统戏剧	呼和浩特	呼和浩特市	2011
Ⅳ–73	二人台	传统戏剧	呼和浩特	呼和浩特市	2006
Ⅳ–73	二人台（东路二人台）	传统戏剧	乌兰察布	乌兰察布市	2011
Ⅸ–6	中医正骨疗法（三空李氏正骨）	传统医药	呼和浩特	呼和浩特市	2021
Ⅸ–12	蒙医药（蒙医正骨疗法）	传统医药	通辽	通辽市科尔沁左翼后旗	2011
Ⅸ–12	蒙医药（蒙医乌拉灸术）	传统医药	通辽	通辽市	2021
Ⅸ–4	中医传统制剂方法（鸿茅药酒配制技艺）	传统医药	乌兰察布	乌兰察布市凉城县	2014
Ⅸ–12	蒙医药（科尔沁蒙医药浴疗法）	传统医药	兴安盟	兴安盟科尔沁右翼中旗	2014
Ⅸ–12	蒙医药（赞巴拉道尔吉温针、火针疗法）	传统医药	自治区	自治区	2008
Ⅸ–12	蒙医药（蒙医传统正骨术）	传统医药	自治区	中蒙医医院	2011
II–105	蒙古族民歌（和硕特民歌）	传统音乐	阿拉善	阿拉善盟阿拉善左旗	2021
Ⅱ–105	蒙古族民歌（乌拉特民歌）	传统音乐	巴彦淖尔	巴彦淖尔市乌拉特前旗	2011
II–91	爬山调	传统音乐	巴彦淖尔	巴彦淖尔市乌拉特前旗	2008
Ⅱ–167	蒙古族汗廷音乐	传统音乐	赤峰	赤峰市阿鲁科尔沁旗	2014
Ⅱ–105	蒙古族民歌（鄂尔多斯古如歌）	传统音乐	鄂尔多斯	鄂尔多斯市杭锦旗	2008
Ⅱ–105	蒙古族民歌（鄂尔多斯短调民歌）	传统音乐	鄂尔多斯	鄂尔多斯市	2008
Ⅱ–92	漫瀚调	传统音乐	鄂尔多斯	鄂尔多斯市准格尔旗	2008
Ⅱ–91	爬山调	传统音乐	呼和浩特	呼和浩特市	2008
Ⅱ–106	鄂温克族民歌（鄂温克叙事民歌）	传统音乐	呼伦贝尔	呼伦贝尔市鄂温克族自治旗	2008

续表

项目编号	名称	类别	区域	申报地区或者单位	年份
Ⅱ-107	鄂伦春族民歌（鄂伦春族赞达仁）	传统音乐	呼伦贝尔	呼伦贝尔市鄂伦春自治旗	2008
Ⅱ-108	达斡尔族民歌（达斡尔扎恩达勒）	传统音乐	呼伦贝尔	呼伦贝尔市莫力达瓦达斡尔族自治旗	2008
Ⅱ-3	蒙古族长调民歌（巴尔虎长调）	传统音乐	呼伦贝尔	呼伦贝尔市新巴尔虎左旗	2014
Ⅱ-105	蒙古族民歌（科尔沁叙事民歌）	传统音乐	通辽	通辽市	2008
Ⅱ-169	潮尔（蒙古族弓弦乐）	传统音乐	通辽	通辽市	2014
Ⅱ-36	蒙古族四胡音乐	传统音乐	通辽	通辽市	2006
Ⅱ-165	阿斯尔	传统音乐	锡林郭勒	锡林郭勒盟镶黄旗	2014
Ⅱ-3	蒙古族长调民歌（乌珠穆沁长调）	传统音乐	锡林郭勒	锡林郭勒盟西乌珠穆沁旗	2021
Ⅱ-30	多声部民歌（潮尔道-蒙古族合声演唱）	传统音乐	锡林郭勒	锡林郭勒盟锡林浩特市	2008
Ⅱ-30	多声部民歌（潮尔道-阿巴嘎潮尔）	传统音乐	锡林郭勒	锡林郭勒盟阿巴嘎旗	2011
Ⅱ-36	蒙古族四胡音乐	传统音乐	兴安盟	兴安盟科尔沁右翼中旗	2014
Ⅱ-3	蒙古族长调民歌	传统音乐	自治区	自治区	2006
Ⅱ-35	蒙古族马头琴音乐	传统音乐	自治区	自治区	2006
Ⅱ-4	蒙古族呼麦	传统音乐	自治区	自治区	2006
Ⅰ-27	格萨（斯）尔	民间文学	赤峰	赤峰市巴林右旗	2014
Ⅰ-163	鄂温克族民间故事	民间文学	呼伦贝尔	呼伦贝尔市鄂温克族自治旗	2021
Ⅰ-51	巴拉根仓的故事	民间文学	通辽	通辽市	2008
Ⅰ-59	嘎达梅林	民间文学	通辽	通辽市科尔沁左翼中旗	2008
Ⅰ-114	祝赞词	民间文学	锡林郭勒	锡林郭勒盟东乌珠穆沁旗	2011
Ⅰ-26	江格尔	民间文学	自治区	自治区	2021
Ⅰ-27	格萨（斯）尔	民间文学	自治区	自治区	2006
Ⅰ-60	科尔沁潮尔史诗	民间文学	自治区	自治区	2008
Ⅹ-92	蒙古族养驼习俗	民俗	阿拉善	阿拉善盟	2008

续表

项目编号	名称	类别	区域	申报地区或者单位	年份
X-85	民间信俗（梅日更召信俗）	民俗	包头	包头市九原区	2011
X-55	蒙古族婚礼（阿日奔苏木婚礼）	民俗	赤峰	赤峰市阿鲁科尔沁旗	2008
X-147	察干苏力德祭	民俗	鄂尔多斯	鄂尔多斯市乌审旗	2014
X-34	成吉思汗祭典	民俗	鄂尔多斯	鄂尔多斯市	2006
X-55	鄂尔多斯婚礼	民俗	鄂尔多斯	鄂尔多斯市	2006
X-85	民间信俗（六十棵榆树祭）	民俗	鄂尔多斯	鄂尔多斯市鄂托克前旗	2021
X-87	抬阁（芯子、铁枝、飘色）（脑阁）	民俗	呼和浩特	呼和浩特市土默特左旗	2008
X-124	俄罗斯族巴斯克节	民俗	呼伦贝尔	呼伦贝尔市额尔古纳市	2011
X-154	达斡尔族服饰	民俗	呼伦贝尔	呼伦贝尔市	2014
X-155	鄂温克族服饰	民俗	呼伦贝尔	呼伦贝尔市陈巴尔虎旗	2014
X-91	鄂温克驯鹿习俗	民俗	呼伦贝尔	呼伦贝尔市根河市	2008
X-108	蒙古族服饰	民俗	锡林郭勒	锡林郭勒盟正蓝旗	2014
X-40	祭敖包	民俗	锡林郭勒	锡林郭勒盟	2006
X-48	那达慕	民俗	锡林郭勒	锡林郭勒盟	2006
X-55	蒙古族婚礼（乌珠穆沁婚礼）	民俗	锡林郭勒	锡林郭勒盟西乌珠穆沁旗	2008
X-148	博格达乌拉祭	民俗	兴安盟	兴安盟扎赉特旗	2014
X-85	民间信俗（巴音居日合乌拉祭）	民俗	兴安盟	兴安盟科尔沁右翼前旗	2021
X-108	蒙古族服饰	民俗	自治区	自治区	2008
V-41	达斡尔族乌钦	曲艺	呼伦贝尔	呼伦贝尔市莫力达瓦达斡尔族自治旗	2008
V-35	东北二人转	曲艺	通辽	通辽市	2008
V-40	乌力格尔	曲艺	通辽	通辽市扎鲁特旗	2006
V-40	乌力格尔	曲艺	通辽	通辽市	2008
V-95	好来宝	曲艺	通辽	通辽市科尔沁左翼后旗	2008

续表

项目编号	名称	类别	区域	申报地区或者单位	年份
Ⅴ-40	乌力格尔	曲艺	兴安盟	兴安盟科尔沁右翼中旗	2006

●注释

① 吴团英：《草原文化区域分布研究——在“第十届中国·内蒙古草原文化节”草原文化主题论坛上的演讲》，https://kns.cnki.net/KCMS/detail/detail.aspx?dbcode=CPFD&dbname=CPFDLAST2020&filename=MNGS201306001003&v=。

② 李凤山：《长城带民族融合史略》，《中央民族学院学报》1993年第1期。

③ 国家级项目数据来自国务院在2006年、2008年、2011年、2014年和2021年公布的五批国家级非物质文化遗产代表性项目名录（包括新增项目和扩展项目）。

④《国家级非物质文化遗产代表性项目名录》，https://www.ihchina.cn/project.html#target1。

⑤《内蒙古非物质文化遗产保护中心非遗名录》，http://web.ichnmg.cn/project/view.shtml。

⑥ 本书所有图表及数据均来自国务院以及内蒙古自治区公布的各级各类非物质文化遗产代表性项目有关资料，数据采录时间和制表时间为2022年5月，此时间节点后新增名录不在本书表格的涵盖范围之内。

⑦ 博特乐图：《蒙古族传统音乐的多元构成及其区域分布》，《音乐研究》2011年第3期。

⑧ 斯仁那达米德：《何谓长调》，《民族论坛》1999年第3期。

⑨ 于洪燕：《蒙古长调简论》，《中央民族大学学报（哲学社会科学版）》2009年第2期。

⑩ 博特乐图：《“潮尔—呼麦”体系的基本模式及其表现形式——兼谈蒙古族呼麦的保护》，《中国音乐学》2012年第2期。

⑪ 赵基九、桥元：《“潮尔音道”的宗教氛围探微》，《中国音乐》1992年第1期。

⑫ 邢莉：《成吉思汗祭祀仪式的变迁》，《 民族研究》2008年第6期。

⑬ 那顺巴依尔：《成吉思汗祭祀的历史演变及现代境遇》，《中央民族大学学报（哲学社会科学版）》2010年第2期。

⑭ 同 ⑬。

⑮ 同 ⑫。

⑯ 丁伟：《成吉思汗陵祭祀研究》，内蒙古大学出版社2011年版。

⑰ 马克思：《政治经济学批判导言》，人民出版社1971年版。

⑱ 宋俊华：《非物质文化遗产研究的学科化思考》，《重庆文理学院学报（社会科学版）》2009年第4期。

⑲《“十四五”非物质文化遗产保护规划》。

⑳ 叶舒宪：《非物质经济与非物质文化遗产》，《民间文化论坛》2005年第4期。

㉑《文化和旅游部、教育部、自然资源部、农业农村部、国家乡村振兴局、国家开发银行关于推动文化产业赋能乡村振兴的意见》。

㉒ 同 ⑱。

第四章

CHAPTER 04

内蒙古长城文化谱系及艺术审美观念

一、内蒙古长城文化谱系

长城作为一个民族、国家的著名标志，对它的研究层出不穷。首先是对长城地带的划分问题，很多专家对此做出过表述。有的是从考古的角度来分析，以战国燕长城和赵长城的分布区域作为划分内蒙古长城地带的标准，“内蒙古长城地带位于北纬 38 度至 43 度、东经108 度至 122 度之间，西南东北走向。以张家口为中心，可把内蒙古长城地带分为东、西两部分。战国赵长城从包头以西沿阴山南麓向东延伸，燕长城从河北怀来向东北沿燕山北侧和大兴安岭西南缘延伸。这两道长城在张家口交汇，呈横‘X’状分布。南北两道长城之间的地区通常称之为农牧交错带，而这两道长城线也是农牧南北摆动的大体分界线”[①]。有的则以地理位置和单元来界定“内蒙古长城地带”的范围，“主要泛指我国华北、东北的长城沿线及其邻近地区。该地区主要包括内蒙古中南部的鄂尔多斯高原、乌兰察布草原和锡林郭勒草原，以及长城沿线的陕北、晋北、冀北等地和地处燕山南北的内蒙古赤峰地区、辽西地区及京、津、唐地区。从自然地理概念上来看，该地带北以阴山山脉为界，南接黄土高原，西至贺兰山麓，东抵渤海湾”[②]。

然而从非遗文化、石窟艺术、造像艺术、考古文物、文化遗产路线等角度来分析的话，内蒙古长城文化地带的影响区域则要远远超过以往的这些地理界定。对于长城文化带的研究可以从文化谱系以及艺术类型、审美观念上做出分析，这样能避免单纯从地理、历史、民族角度理解而带来的阈限。中华文化的系统是开放的体系，文化间融合的潮流、思想、观念，及其发生过程不受意识形态的制约。

豪泽尔在《艺术社会学》中，提出艺术是社会的产物，“作为一个社会历史进程，艺术作品的产生取决于许多不同的因素：自然和文化、地理和人种、生物学和心理学、经济和社会……没有哪一种因素是一成不变的，每一种因素在特定条件下都会获得特别的意义”[③]。按照艺术社会学的理论，艺术与社会二者之间的关系是辩证发展的。艺术是社会的产物，同时社会的发展也受到艺术的影响。社会在不同阶段分为不同类型，社会的发展有着复杂的内部结构，单纯用艺术来解释决定社会前进的方向有点偏颇。但是艺术的形成和发展规律能揭示一个特定社会的结构和模式，是毋庸置疑的。这一点来源于艺术哲学的本质。

语言学转向，是欧洲大陆哲学体系的一个明显的后现代主义特征。在索绪尔语言学基础上，福柯于《知识考古学》中提出了文化谱系的概念体系。“他的任务就是要对各门人文科学进行考古学的探讨，发现它们在无意识中是如何受制于话语规则的，考古学研究实际上就是话语分析。”[④]福柯在连续撰写了《疯癫与文明》《临床医学的诞生》和《词与物》《知识考古学》几部著作之后，从《规训与惩罚》开始从考古学转向谱系学研究。福柯利用考古学分析，指出人文科学知识的产生受制于“话语构成”，而话语构成是多样的、分化的。福柯所指的是语言体系，这种话语体系在艺术学里是以符号化的形式出现的，即艺术符号和艺术形象。内蒙古地区的传统文化形式复杂、历史久远、源头多样，因此对于内蒙古长城文化带的研究，本章从艺术符号着手来探寻内蒙古长城文化谱系。

长城内外文化同源，内蒙古地区的长城文化谱系，为多元文化谱系，系出于同一源头，从史前阶段一直延续至今，并且没有断裂过，是一个非常完整的谱系。文化谱系学理论研究借鉴但不等同于考古学研究方法。福柯对此进行过解释，即考古学力图界定的不是在话语符号中蕴含的思想，而是那些话语本身。考古学是一种描述性的学科。文化谱系学致力于研究话语及符号的特殊性和差异性，具有阐释学特征。阐释学的基本理论就是区分创作主体和受众的，将符号对象和受众意识结合起来看作作品的本体。因此创作主体衍化为创作者和接受者两部分，对于作品和符号的理解，因而能回归到一个话语（符号）——对象的系统中，即艺术作品是在创作者和受众的二次创作中完成整个审美过程的。

长城并不是一个边界概念，在中国古代漫长的历史进程中，长城和长城地带更多地意味着作为一个文化传播、交流和互动的文化线路式的存在。长城只是在某一个或几个阶段内，作为军事防御系统。明朝反复修缮和使用长城，明长城的建制为长城的最高级形式，明朝的边界以长城为界。明永乐初年（1403年），北元蒙古分裂为鞑靼、瓦剌、兀良哈三个部落，屡次进犯明朝边境。明成祖于永乐七年（1409年），下令征讨北元各部。经历首次失败之后，永乐帝大怒，于次年御驾亲征。此次亲征共有50万明军，武刚车3万辆，运粮20万石。永乐帝大获全胜，鞑靼归降。永乐帝在位期间，共五次御驾亲征蒙古，明显削弱了北元蒙古势力，为边境地区带来了很长一段时间的繁荣和安定。为了更好地应对北元蒙古的侵扰，边境防守的将士才不断修建长城，加强防御，之后更是形成了九边长城防御体系。中原农耕民族修筑长城的目的，是期盼和平共处，各民族沟通有无、守望相助。这片土地地处交流的枢纽，留下了众多人物往来的印迹与珍贵的文物。从文化的角度出发，长城对今天的意义，是民族历史的见证者和记载者，更是文明交流互鉴的标杆。

1. 前长城文化带

内蒙古地区的史前文明和史前文化遗址资料很丰富。聚集于长城地区的史前文化，也被称为前长城文化带。这一片辽阔的区域最初以东西两块区域分布，东部为内蒙古的东部，以赤峰为中心，覆盖辽东地区。西部则源于仰韶文化区。内蒙古地区的古人类遗址和史前文化非常多，类型极为丰富，历年考古都有新的发现，此处只列举一二。

（1）兴隆洼遗址

东部地区有兴隆洼文化、赵宝沟文化、红山文化、富河文化等。这个区系发现的最早遗存是内蒙古自治区赤峰市敖汉旗兴隆洼遗址。兴隆洼遗址距今7500—8000年，是北方新石器时代的文化类型。兴隆洼文化区不仅限于内蒙古东部、燕山南北两地，在辽东、辽南乃至吉林、黑龙江地区都发现过此类型文化遗址。兴隆洼文化分为兴隆洼、查海和白音长汗三个文化类型，分布于内蒙古东南部、辽宁西部及河北北部。兴隆洼文化以陶器、石器、玉器造型、纹饰、居室结构、墓葬类型等考古发现为代表。兴隆洼遗址出土了世界上最早的2件白玉玦，距今已经有8000多年，玉质为闪石玉，玉料来源于辽宁省岫岩县，为墓主人生前佩戴的一对耳环（见图4–1）。兴隆洼白玉玦与后来作为红山文化标志的玉龙有几分相似，是红山文化玉龙的早期原型（见图4–2）。

图4–1　兴隆洼出土玉器

图4–2　红山文化玉龙

西部地区为新石器时代遗存，属于黄河中上游仰韶文化源头，包括老官台文化、马家窑文化、齐家文化。在东西两大文化区的中间，是内蒙古的河套地区。河套地区目前最早的新石器时期遗存是后岗一期文化。后岗文化大致起源于太行山东麓，和以支脚和釜为炊器的黄河下游文化区系，磁山文化为其早期遗存的代表。磁山文化是仰韶文化的源头之一，也就是华夏族的源头之一，比仰韶文化早了1000多年。

（2）海生不浪遗址

海生不浪遗址发现于20世纪60年代，属仰韶文化中晚期，距今五六千年，是内蒙古地区早期人类文明之一。海生不浪遗址最早发现于包头市托克托县海生不浪村。根据2014年的考古成果，在距今5500—7000年间，海生不浪遗址位于河边或湖边台地，高于水面70～90米，海拔为1000米左右。内蒙古半干旱草原区为较稳定的暖湿期。海生不浪文化遗址之上还叠加有朱开沟文化遗址，此地是内蒙古早期人类活动的主要范围之一。[⑤]

包头市考古发现的早期人类遗址有23处，以阿善、西园、黑麻板、海生不浪等遗址为代表。大致分为仰韶时代早中期、仰韶晚期、仰韶向龙山过渡时期和龙山晚期四个时期，包括白泥窑子文化、庙子沟文化、海生不浪文化、阿善文化等。该地区龙山文化晚期阶段出现了石筑祭坛，女神形象的陶器以及石筑围墙等文化标志。“进入夏商时期，无论在长城地带的东部还是西部，古文化的演变都变得空前激烈，文化面貌与中原文化的反差愈来愈突出，东西部之间的联系明显加强，南北向各自和中原文化的联系，逐步为东西向的长城地带东西部之间的联系代替。”[⑥]考古发现，内蒙古地区在商周时期，逐渐实现了由农业经济向牧业经济的转变。至春秋时期，“整个东部地区成为以曲刃青铜剑为特征的牧业文化分布区，完成了农业经济向牧业经济的转变”[⑦]。

（3）夏商周时期遗址

内蒙古赤峰市敖汉旗大甸子遗址位于敖汉旗宝国吐乡大甸子村东，为二级台地基础，面积为7万平方米，属于夏家店下层文化城址。遗址分为几个区域，城内有居住房址和宫殿遗址，墙外有围壕，围壕北侧外为墓葬区。大甸子遗址以其重大考古价值，于1996年被国务院公布为全国第四批重点文物保护单位，并被列为20世纪中国百项考古大发现之一。大甸子遗址出土的彩绘陶鬲，是专用随葬品，器身有着复杂的纹饰，为黑色底衬上用红白二色绘出的方形连续几何纹饰。这种几何纹饰和色彩图案在中原地区同时代的陶器中罕见，但其几何图案的构图却表明了与中原腹地古代文化的姻亲关系（见图4–3）。

图4–3　（夏商）彩绘陶鬲　内蒙古博物院藏

西周的“许季姜”青铜簋1985年出土于内蒙古赤峰市宁城县小黑石沟，其通高25.5厘米，口径21.4厘米，器型比较大（见图4–4）。器底铭文共有3行16字，为“许季姜作尊簋其万年子子孙孙永宝用”。许国是一个“姜”姓国，西周初期受封，为春秋二十国之一，基本活动区域在许州即今河南许昌境内。许为国名，姜为姓。《左传》隐公十一年《正义》引杜预云:“许，姜姓，与齐同祖，尧四岳伯夷之后也。周武王封其苗裔文叔于许。”许季姜簋是非常典型的中原风格青铜器，反映了东胡民族与中原诸侯国之间的交流。上面的铭文表明了这件青铜器的重要性，器型比较大的物件从中原许国来到北方游牧地区，成为贵族随葬品。

图4–4　（西周）“许季姜”青铜簋　内蒙古博物院藏

2. 秦汉时期

（1）青铜秦戈

内蒙古鄂尔多斯的准格尔旗地区于1975年出土了一件青铜“戈”，这个青铜“戈”的刃面上有着“广衍”字样。“广衍”戈（见图4–5）的出土非常与众不同，它明确地给出了几个具体信息：秦朝、武器、文字统一、度量衡统一、郡县设立、族群聚集。

“广衍”戈出土地为秦朝设立于边疆的一个防御重镇，在秦朝时期叫

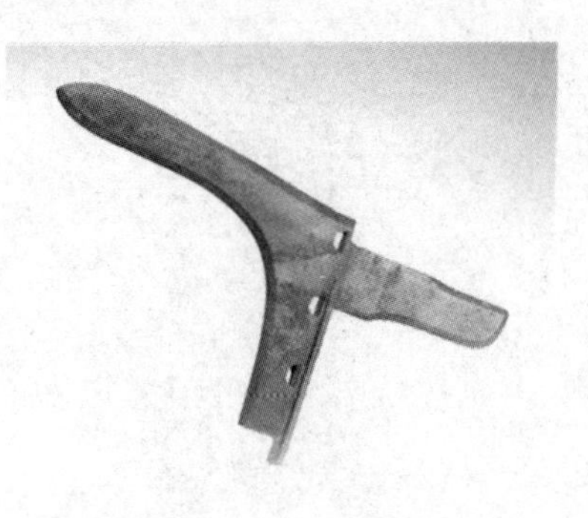
图4-5 （秦）“广衍”铭铜戈

作广衍城。广衍县故城位于准格尔旗纳日松镇勿兔沟村西，勿尔图沟南岸的台地上。“出土了上腹刻画‘广衍’二字的素面陶壶，刻有‘广衍’二字的铜戈和铜矛，从而证明该勿尔图沟城址就是当时的广衍县城。该城址是鄂尔多斯境内目前已确定的唯一一座战国、秦、汉三代古城址。”[⑧]“戈”是秦代时期车兵进行战斗时用的重要工具。秦朝通过修缮、建筑长城以及直道加强对帝国北方地域的控制和联系。同时，秦朝在内蒙古南部地区建立了大量的郡县。秦长城、设置郡县和囤聚士兵，除了为实现对疆域的控制之外，还起到了与长城之外部族的交流和沟通的作用。内蒙古春秋至战国时期的部落就有东胡、匈奴、林胡、义渠等，这些草原部落与中原各国交往频繁，赵武灵王的“胡服骑射”就是草原文化与中原文化结合的例子。秦朝统一六国后，不仅体现在疆域版图上的统一，还包括文字的统一、钱币的统一以及度量衡的统一，而这些统一的实例也都在内蒙古的出土文物中找到了佐证。

（2）鄂尔多斯青铜器

秦王朝结束之后，北方地区的匈奴一家独大，而中原地区在楚汉争霸过后，最终由刘邦建立了西汉政权。公元前206年匈奴发兵，灭掉东部的东胡，南部的林胡、娄烦，实现了北方草原的统一，成为中国历史上第一个建立政权的北方民族。在汉朝初期，匈奴一度将领土扩大到今山西北部和河北北部等中原地区。

1972年，内蒙古鄂尔多斯市杭锦旗的阿鲁柴登墓葬遗址，出土了一批极其珍贵的金银器，共200多件，大多是以鸟、兽纹为主体的各式金饰牌，图案以马、牛、羊、鸟为主，也有虎、狼、鹰等猛兽，有虎咬牛、虎吃羊的生动场面，其纹路清晰，造型精美。据考，阿鲁柴登墓葬为2000年以前的匈奴王族墓葬群，其中以一个鹰顶金冠饰最为瞩目。鹰顶金冠饰由鹰形金冠顶和金冠带两部分组成。冠顶高7.3厘米，冠带长30厘米，周长60厘米，共重1394克。金冠分为冠顶和冠带。冠饰呈半球体，其上浮雕4只狼和4只盘角羊组成的咬斗图案。在半球体的冠顶上立一展翅欲飞的雄鹰，做俯视状。整个冠饰构成了雄鹰俯视狼羊咬斗的画面，运用了包括锤揲、镌镂、抽丝、镶嵌等多种工艺手法，技法娴熟。金冠带由黄金铸成，冠带前部有上下两条。冠带左右两边靠近人耳部分，每条的两端分别做成卧虎、盘角羊和卧马的浮雕图案，其他的主体部分饰绳索纹。鄂尔多斯出土的青铜器，器型比较小，纹饰大多以动物纹为主，写实动物形象也形成了鄂尔多斯青铜文化的整体风格（见图4–6）。

图4–6　（战国）匈奴王金冠　内蒙古博物院藏

图4–7　（匈奴）虎咬牛纹金带饰

与匈奴王金冠同期出土的虎咬牛纹金带饰，是匈奴贵族使用的带饰。雕刻的是四只猛虎正在撕咬一头牛的图案，在牛的两个犄角部分，分别穿插于左右二虎耳中，画面生动立体，气势雄浑，体现出牛虎相搏的大自然场景。草原游牧民族所穿胡服，为袍服和长裤上下结构，便于骑马射箭、从事狩猎等活动。腰带是裤装的一个部分，因此带扣非常重要，带扣的纹饰彰显出着装者的身份和地位，具有社会象征意义，是北方民族服饰文化的重要组成部分。如图4–7所示，匈奴金冠和金带饰，都是草原游牧民族服饰系统里的金质配件，造型很优雅，技艺精湛，图案表现的内容是对自然界动植物的精细描绘。这些纹饰图案的制作水准跟中原差别并不大，审美趣味上没有高下之分，区别只在于长城以内文化对诗书礼乐的重视和社会化场景的描述更多。

匈奴的铸造技术已经达到如此成熟的地步，他们对于疆域的渴望导致匈奴与中原政权频频爆发战争。在秦汉时期，匈奴的壮大对中原造成威胁，秦汉长城的修筑就是为了抵御匈奴等部落的入侵，控制辽阔的北方地区。

（3）“单于和亲”瓦当

西汉与匈奴的对峙，一直到汉武帝时期才被打破。汉武帝时期出现了李广、卫青、公孙贺、公孙敖、霍去病等一代名将。汉元光六年（公元前129年），匈奴入侵上谷郡。汉武帝亲自部署，派出四路军队出击。车骑将军卫青直出上谷，骑将军公孙敖从代郡（治代县，今山西大同、河北蔚县一带）出兵，轻车将军公孙贺从云中（今内蒙古托克托东北）出兵，骁骑将军李广从雁门出兵。四路将领各率一万骑兵。卫青非常幸运，他带领的部队，一路没有遇到匈奴的主力，长驱直入地找到了当时防守空虚的龙城（匈奴祭扫天地祖先的地方），一举消灭匈奴数千人，取得了龙城之战的胜利。《史记·卫将军骠骑列传》记载：“元朔之五年春，汉令车骑将军青将三万骑，出高阙；卫尉苏建为游击将军，左内史李沮为强弩将军，太仆公孙贺为骑将军，代相李蔡为轻车将军，皆领属车骑将军，俱出朔方；大行李息、岸头侯张次公为将军，出右北平：咸击匈奴。匈奴右贤王当卫青等兵，以为汉兵不能至此，饮醉。汉兵夜至，围右贤王，右贤王惊，夜逃，独与其爱妾一人壮骑数百驰，溃围北去。汉轻骑校尉郭成等逐数百里，不及，得右贤裨王十余人，众男女万五千余人，畜数千百万，于是引兵而还。至塞，天子使使者持大将军印，即军中拜车骑将军青为大将军，诸将皆以兵属大将军，大将军立号而归。”⑨

汉武帝通过漠北之战、漠南之战、河西之战三场战役，彻底削弱了匈奴在内蒙古、中原北部、山西、河北一带的力量。司马迁在《史记·匈奴列传》中提到，“此时匈奴漠南无王庭”。汉武帝北击匈奴之后，在阴山北麓以北修建了汉朝外长城，并在塞外修建了“受降城”。内蒙古乌拉特前旗新忽热受降城，位于秦汉长城以北，公元前105年为接受匈奴左大都尉投降而筑，占地为1平方千米，是自西汉以来在文献所载的受降城中，唯一一座真正为接受敌人投降而建的受降城。战争过去，匈奴与汉朝的关系就变得亲密起来。和亲是汉朝一种常用的外交策略和手段。汉代和亲的公主有解忧公主和王昭君等。解忧公主是汉朝与乌孙国的和亲公主，王昭君则是汉朝与匈奴的和亲公主。

秦朝修筑的长城和直道，为汉朝所沿用。前面提到的包头地区的固阳秦长城，处于阴山山脉的昆都仑河谷之上，是进出阴山的关口，同时与秦直道相连，秦直道一直通往包头的麻池古城。麻池北依大青山，南临黄河，直达漠北的固阳道，是内地和塞外的重要交通枢纽，汉武帝派遣10万将士驻扎防守。麻池城址在西汉时，被称为光禄塞，是因为修建光禄塞的西汉大臣徐自的官衔是“光禄勋”，此“塞”建成后，就用徐自的官衔来称呼该辖区，所以叫作“光禄塞”。南北朝诗人庾信有诗云：“敛眉光禄塞，回望夫人城。”1954年，麻池古城的召湾汉墓中发现的大量西汉瓦当，上有“单于天降”“单于和亲”等烧制文字，说明麻池城址同胡汉和亲有着直接关联。王昭君远嫁单于之后，曾经在包头、呼和浩特等地都居住、生活过。该瓦当是汉匈通过婚嫁达到政治联姻的证据，更是当时颂扬和纪念汉匈两族和亲的实物见证。

“单于和亲”瓦当，出土于内蒙古包头市郊召湾村，为汉代文物。直径15.5厘米，宽沿，十字格线将瓦当正面分成四区，每个区域内都有一个阳文汉字，为“单于和亲”四字篆书（见图4–8）。“单于和亲”瓦当有以下三方面的文化史意义。

图4–8　（汉）单于和亲瓦当 内蒙古博物院藏

第一，证实了汉代与匈奴和亲史实的真实性和准确性。

公元前33年，呼韩邪单于觐见汉元帝，汉元帝于后宫选派宫女以公主身份与匈奴和亲，维系边疆安宁。“单于和亲”瓦当反映了西汉同匈奴和亲、睦邻友好相处的史实。

第二，证实了匈奴与汉朝社会系统的高度一致性。

陶制的瓦当是古代房屋建筑的构件，置于房顶房檐处，用来防止木质屋顶的腐蚀。瓦当的横截面上常用纹饰和文字装饰，内容为吉祥的寓意或者是反映当时重要事件的文字。瓦当是中原建筑的构件，尤其是汉字和纹饰瓦当更是中原文化的标志。草原游牧民族的居室和建筑以中原瓦当为结构，说明其社会制度与汉朝的高度一致性。其建造有砖石结构的居所和城市，并不是后人理解的游牧民族为方便逐草而居使用的木质帐篷居所。

第三，文字系统上的汉–匈从属关系。

这件出土文物上书的是“单于和亲”字样，主从关系明确。是单于而不是公主和亲，说明这块瓦当是单于所统领的部落，为庆祝与汉朝的和亲所特别制作的，该瓦当的出土地，为匈奴与汉朝的边界，与昭君和亲的历史记载相吻合。瓦当上的文字为汉字，而不是异族文字系统。匈奴有自己的语言，司马迁在《史记》中曾经断言匈奴有语言，没有文字。在后来的研究中，发现了大量的游牧民族文字，中国的西北部地区有突厥文字、契丹文字、鲜卑文字、粟特文字、回鹘文字、西夏文字、蒙古文字、察合台文字、满族文字、藏族文字等为代表的多元民族文化系统。古老的阿尔泰语系诸民族由突厥语族民族、蒙古语族民族和满–通古斯语族民族构成。阿尔泰语系诸民族神话传说是这三大语族诸民族文化的主要源头，这些民族以鸟、狼、鹿、犬、龙等动物图案为主的图腾标志，经常出现于考古文献和文物中。例如敦煌附近的长城遗址就发现了粟特人的文书。内蒙古地区的大量阴山岩画中也有突厥文字出现。因此，对各民族的古代文字与古语言的研究还有待加强和深入。

3. 魏晋南北朝时期

东汉时期，匈奴内部分崩离析，《史记·匈奴列传》提到“北匈奴西迁，南匈奴赴汉”的史实，自此匈奴政权的历史宣告结束。鲜卑族有东西两部，东部鲜卑包括慕容部、宇文部、段部等，西部鲜卑包括吐谷浑、秃发等。鲜卑族于南北朝时期兴盛壮大，建立了中国北方地区的政权。386年，拓跋珪自称代王，重建代国，定都盛乐（今内蒙古自治区和林格尔县）。398年6月，正式定国号为“魏”，史称“北魏”。北魏是鲜卑拓跋族建立的政权，也是北朝第一个王朝。直至439年，北魏太武帝拓跋焘统一了北方。

在大兴安岭北麓的嘎仙洞里，考古人员发现了一段石刻文字（见图4–9）。这段文字一共有201个汉字，是一段祝文。祝文记载了北魏太平真君四年（443年），北魏太武帝拓跋焘派大臣李敞回到大兴安岭祭祖的过程。这段祝文由汉字构成，说明了北魏以及鲜卑族，所使用的官方语言是汉语，官方文字为汉字系统。鲜卑族在统一北方和中原地区之后，积极进行汉化，靠迁都来控制中原地区，稳固政权统治。

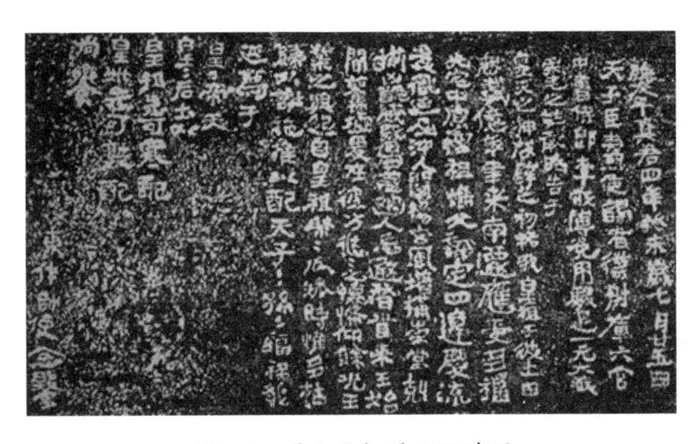

图4–9　（北魏）嘎仙洞碑刻

北魏从东北地区兴起，迁至内蒙古中部建立政权，而后又经历了两次南迁的过程。398年，道武帝拓跋珪迁都平城，将政权中心由内蒙古迁至山西省大同市。493年，孝文帝拓跋宏再次迁都，他将都城由太原迁至洛阳，并大举改革。孝文帝的改革举措，包括自上而下地要求鲜卑北魏贵族改汉姓、说汉语、着汉服、融入汉族的丧葬习俗和礼仪制度等。皇族首先做出了表率，改为汉姓。拓跋氏改为元氏、独孤氏改为刘氏、拔拔氏改为长孙氏、纥豆陵氏改为窦氏、尉迟氏改为尉氏等。礼乐文化是中原儒家文化中礼制重要的组成部分，出土的北魏时期陶俑，很多是礼乐文歌舞俑，展现了北魏鲜卑族向中原学习礼乐文化的过程。

北魏是我国历史上佛教和佛学发展的重要时期，北魏信奉佛教，并开凿了云冈石窟和龙门石窟，将西域传来的佛教信仰带到了中原地区。北魏的石刻造像技艺达到中国历史上的一个艺术高峰。大同云冈石窟和洛阳龙门石窟分别修建于北魏孝文帝汉化改革的前后阶段。云冈石窟在前，云冈的佛教造像，多以斜披袈裟为造型，面部特征和服饰风格有北方胡族之风。而龙门石窟开凿于汉化改革时期，龙门造像的服饰多为交领右衽、宽袍长袖的样式，明显带有汉族衣饰的特点。通过佛造像也能发现汉化改革对佛教文化带来了很大影响。

北魏入主中原以后，也利用长城抗击来自北方游牧民族的侵扰。木兰从军的故事来自北魏与柔然的战争。花木兰替父从军，被派驻前往内蒙古长城，驻守边关，抗击柔然的侵扰，这些内容成为后世传颂的故事，也是长城文化的一个经典文化符号。这些内容将在下一个章节中继续探讨。

4. 隋唐时期

（1）丝绸之路鼎盛期

汉武帝时期，张骞出使西域，开辟了一条东西方贸易和交流的道路，后世称之为丝绸之路。丝绸之路连通亚欧大陆，由多条连接亚欧非几大文明的贸易和人文交流通路组成，统称为“丝绸之路”。除了张骞之路外，在北方的草原上还有一条沟通东西贸易的通路，即草原丝绸之路。草原丝绸之路，由蒙古高原东南端的辽河上溯，越过大兴安岭，顺着阴山南北两麓向西，经居延而趋向天山南北，转经高昌进入欧亚草原。契丹等民族依靠草原丝绸之路，与中亚与西亚地区保持着十分密切的文化交流和往来。草原丝绸之路由草原游牧民族长期经营和维护，实现了金银器、马匹、种子、农作物等的交流、互惠和互通。丝绸之路是亚欧大陆上勤劳勇敢的人民千百年来探索出的交流通道。“和平合作、开放包容、互学互鉴、互利共赢”的丝绸之路精神薪火相传，推进了人类文明进步，是促进沿线各国繁荣发展的重要纽带，是东西方交流合作的象征，是世界各国共有的历史文化遗产。

隋唐时期，中原政权稳固，帝国统一局面的形成，推动了古丝绸之路达到鼎盛时期。隋朝隋炀帝在位时间非常短暂，但是他做了好几件对后世影响很大的事情。第一，他下令疏浚修建了大运河，使中国南北水系得以贯通，实现了水路交通的高效、便捷，陆上丝绸之路与海上丝绸之路通过大运河得以连通。第二，他营建东都，并迁都于洛阳。第三，他改州为郡，将度量衡改成古式。第四，西征吐谷浑，重启丝绸之路，并且会见了西域二十几个国王和使臣。第五，三次征讨高句丽，将东部领土范围扩大至沿海。第六，开设科举制度，给寒门文士开启了一条晋升之路。隋朝曾数次修缮长城，《隋书》上记载，“令发丁三万于朔方、灵武筑长城”“上复令崔仲方发丁十五万，于朔方以东缘边险要筑数十城，以遏胡寇”。隋长城分布在鄂尔多斯西部鄂托克前旗南部，总长度为19.4千米。这道长城与后来所修明长城之间距离50～300米。[10] 隋炀帝的西征，巩固了长城与丝绸之路的关系，长城文化带与丝绸之路文化带互融互通，形成了中华民族和平合作、开放包容、互利共赢的文化传统。

唐朝继承了隋朝开创的成果，对外实行开放的政策，遣唐使规模庞大，对外交流最为密切。由于唐代海、陆交通的空前发展，唐代政府又以恢宏的气度对外来文化采取包容广蓄的开明态度，因而大大推动了中国同西方各族人民的交往与交流，开启了盛唐时期的辉煌历史。这一时期，佛教文化、波斯文化等西方文化迅速传入中原。琉特琴传入中原，汉化成为琵琶等乐器。中原的丝绸、茶叶、金银器皿以及诗文等，也传到中亚甚至欧洲。丝绸之路上，出土了大量中西方往返交流的精品文物，例如摩羯纹金花银盘、中亚风格的粟特式银壶、唐三彩胡人俑、壁画、石窟文化等。摩羯原为印度神话中的一种神异的动物，被奉为河水之精、生命之本。最早的摩羯形象出土于印度河谷的一枚印章上，距今大约有4000年之久。在古代印度的雕塑和绘画中经常可以看到这种纹饰（见图4-10）。摩羯纹自丝绸之路传入中原，到了唐代，这个图案在中原地区已经较为常见。唐朝初期，中国开始统一使用一种新的青铜货币，上面刻有“开元通宝”字样，意思是“可流通的开元钱币”。众所周知，这种新货币在中国本土以外所有与中国有经济往来的地区都得到了极为广泛的使用。唐朝的钱币顺着丝绸之路流通到中亚、西亚甚至更远，丝绸之路沿线国家各地都有出土。

图4-10　（唐）摩羯银盘 内蒙古博物院藏

（2）阙特勤碑（The Kül Tégin Inscription）

《阙特勤碑》是唐玄宗御笔亲书的唐代御制碑文，现存于蒙古国。由19世纪末俄国学者发现于今蒙古国呼舒柴达木湖畔。《阙特勤碑》碑首上镌刻“故阙特勤之碑”六个汉字，碑文为唐玄宗于开元二十年御书，字体为隶书，十四行，行三十六字，工整而法度森严。除唐玄宗的亲笔御书之外，还有两行汉字字体，是由宣统三年（1911年）清末驻外蒙的大臣所刻写。《阙特勤碑》的碑文由古代突厥文和汉文两种文字组成。除一面为汉字之外，其余三面皆为突厥文字。

《阙特勤碑》碑文记述的是，后突厥汗国创立者毗伽可汗与其弟阙特勤的事迹。汉文内容为唐玄宗悼念突厥可汗阙特勤的悼文。史载，毗伽可汗在位期间，与唐修好，尊唐玄宗为父亲。唐玄宗也视已故的突厥可汗阙特勤为儿子。碑文记载了唐与突厥历代的友好关系和突厥与唐大规模互市贸易的历史。《阙特勤碑》是突厥与唐友好关系的历史见证，相关事迹在新、旧《唐书》中均有记载。王国维在《观堂集林》的《九姓回鹘可汗碑跋》中，也提到了这个碑文。唐朝的疆域远远超出了长城的边界。在唐朝，长城是与丝绸之路相连的，长城为丝绸之路上往来的各族人民，提供着庇护和支持。在几千年的历史中，长城代表的是文化、文明、开放、包容的东方形象。

5. 宋元时期

宋朝在北方修筑长城的记载很少见，长期以来，学术界都认为宋朝没有修筑长城。但在后来的考古和研究中，也找到一些北宋曾经修筑长城的例证。一说是在山西省忻州市岢岚发现北宋长城的痕迹，认为这段岢岚长城为北齐、隋、宋三个王朝所修筑的石长城。另一说则为内蒙古准格尔旗发现的北宋丰州长城遗址。辽宋夏金时期，准格尔旗南部为北宋丰州属地，北宋丰州长城由宋代烽燧线和古城遗址构成。长城和古城后来被辽金吞并，不复存在。辽金占据北方地区，也曾修建长城。金界壕绵延于内蒙古、辽宁地区，最远的甚至到达蒙古国和俄罗斯。金界壕也是长城内蒙古段的一个组成部分。元朝征服金和南宋，统一中国后，长城的修建也就告一段落。

（1）居延古城遗址

内蒙古地区的居延遗址，历史上地位曾经非常特殊，见于自汉代以来的各种文献资料之中。居延遗址在内蒙古自治区阿拉善盟额济纳旗东南部，至今保留有烽燧、边墙、城址、佛塔、墓葬等遗存。20世纪，居延遗址曾出土汉简4万余枚，举世瞩目。居延汉简具体出土地点有30个左右，大都是长城烽燧、城鄣、关城遗址。从20世纪30年代开始，至今一直有文物出土，世所罕见。汉代甲渠候官遗址出土近13000枚，肩水金关遗址出土11000余枚，肩水都尉府遗址出土1500余枚，肩水候官遗址出土3000余枚。居延出土的东汉“永元器物簿”，保存了汉代简册原貌，由77枚长23厘米、宽1厘米、厚0.2～0.3厘米的木简并两道编绳编成，出土时编绳和编简都保存完整，在万余枚简牍中尤显珍贵。

汉武帝于太初三年（公元前102年），派“强弩都尉”路博德在居延泽上兴筑边塞，史称居延塞。居延塞与光禄塞遥相呼应，建成后则为历代屯兵设防之重镇。西夏政权建立之后，居延地区成为西夏统辖之地。西夏在居延地区设置“黑山威福军司”和“威福军城”，“瀚海等六都督、皋兰等七州并隶焉”。在对黑水城遗址的考古发掘中找到大量文书材料证实了这一历史（见图4-11）。居延为漠北至河西走廊以及西域的交通要道。成吉思汗亲征西夏，元朝在黑水城设置了“亦集乃路总管府”，是元代河西走廊通往岭北行省的重要交通驿站。2016年12月被列入国家大遗址保护“十三五”规划，纳入世界文化遗产申报名单。居延遗址是保护草原丝绸

图4-11　居延黑水城遗址

之路、传统丝绸之路的重要屏障，是中原、草原通往西域的交通要道，具有战略和文化上的重要意义。

（2）成吉思汗石碑

1219年，成吉思汗停下灭金的步伐，亲自带领蒙古大军西征花剌子模。花剌子模战争是蒙古的第一次西征。花剌子模战争的起因在于他们对蒙古商队的无情屠杀。1218年，成吉思汗按照此前的通商协议，派出了一个400余人的庞大商队赶赴西域。在商队抵达花剌子模时，被诬陷成间谍，商队被屠尽，财物被掠夺一空。蒙古再派出三位使者前往问罪，结果使者一人被杀，另二人在被剃须后驱逐出境。这一事件标志着蒙古与西域外交和商贸的重大失败，草原丝绸之路面临被切断的危险。

史料记载，宋嘉定十二年（金兴定三年，1219年）夏，蒙古20万大军越过阿尔泰山脉，分兵四路进入花剌子模国境。此次参加西征的是蒙古黄金家族最精锐的部队和最高级的将领：主力军由察合台、窝阔台带领，术赤一军沿锡尔河而下攻城，阿剌黑那颜率军攻打锡尔河上游地区，铁木真与拖雷统领中军。1220年，蒙古大军攻占了花剌子模的都城撒马尔罕（Samarkand），随后花剌子模灭国。成吉思汗西征的目的，首先是维护草原丝路商贸和秩序的稳定，打通蒙古与西域的商路，保持顺畅而繁盛的商贸往来。在成吉思汗攻打花剌子模回来的路上，途经不花苏赤海时，举办了一场盛大的射箭比赛。蒙古大将移相哥射了335庹（550多米）之远，获得了比赛的冠军。成吉思汗大喜，特立石碑作为纪念。“成吉思汗石碑”（又名移相哥石碑）忠实地记录了这个事件。这块现收藏于圣彼得堡埃尔米塔什博物馆的“成吉思汗石碑”，使用畏兀体蒙古文书写而成（见图4-12）。畏兀体蒙古文是由成吉思汗命人创造而成的，与现代蒙古文字相近，“成吉思汗石碑”也是迄今为止最早的一件畏兀体蒙古文石刻文物。成吉思汗统一中国，西征中亚和欧洲，建立了庞大的帝国体系，为元朝奠定了强大的基础。元朝是中国历史上第一个由草原游牧民族所建

图4-12　成吉思汗石碑

立的统一政权，国土疆域面积为中国历史之最。

（3）阿尔寨石窟

阿尔寨石窟位于内蒙古鄂尔多斯市鄂托克旗阿尔巴斯苏木东北部，是一座草原石窟寺。阿尔寨的开凿年代有所争议，最早的开凿时间有人认为是始于北魏时期。阿尔寨石窟现存有西夏、蒙元、明朝时期的众多佛教造像、榜题以及雕刻，并发现有回鹘文、蒙古文、藏文和梵文文字。

阿尔寨石窟与民间传说和民间信仰有着密切关系。石窟中保存有著名的《成吉思汗镇守蒙元汗室图》《成吉思汗家族受祭图》以及《八思巴为忽必烈灌顶授戒图》《讲经弘法图》《佛道辩论图》等壁画。这些壁画用艺术手法反映出蒙古族祭祀成吉思汗、忽必烈接受藏传佛教等场景。《成吉思汗家族受祭图》是阿尔寨石窟中最为珍贵的壁画之一。该壁画描绘的是成吉思汗家族身着蒙古族民族服饰，并排坐于高台之上，接受膜拜和祭祀的情景。场面宏大，人物众多，内容丰富，除主要人物之外，其周围绘有近百名各色人物形象和众多物品形象。“菩萨像以31号窟的两幅十一面千手观音像最具有代表性，均为全身立像，神态静穆慈祥，身后有圆形背光，庄严而富丽。在观音像的上面及左右两侧呈拱形绘有二十一度母像，姿态各异，如31号窟的度母像。”[11]阿尔寨石窟近千幅壁画中包含有佛教题材壁画、民俗题材壁画，也有作为背景出现的山水题材壁画，富有浓郁的民族特色和独特的地域特色。《成吉思汗镇守蒙元汗室图》将成吉思汗描绘成北方天神多闻天王的模样。在蒙古人中称多闻天王为“那木萨莱”，也译为财富之神。阿尔寨石窟与成吉思汗祭祀非遗有密切关联。作为成吉思汗的御用守陵部队，鄂尔多斯地区的蒙古族达尔扈特人守护并祭祀成吉思汗灵柩700多年而从未中断，创造了世界祭祀文化史上的奇迹。至今，每年农历三月二十一日的盛大祭祀活动，仍有人民群众从四面八方赶来参加祭祀。

目前，被称为“草原敦煌”的阿尔寨石窟已完成13个洞窟298平方米壁画的保护修复工程任务。阿尔寨石窟共有65座石窟、22座浮雕石塔等遗存，其中保存完好的41座石窟中14座有壁画。这意味着，阿尔寨石窟已完成壁画主体修复工作。阿尔寨石窟有望在2022年进行考古发掘。官方机构现已出版《阿尔寨石窟壁画与艺术》《阿尔寨石窟文字榜题艺术研究》等专著。文物部门还编制（修订）了《阿尔寨石窟保护规划》及其配套方案，其中“阿尔寨石窟壁画保护修复（二期）”“阿尔寨石窟环境整治”“阿尔寨石窟廊道式挡墙及岩体综合加固前期勘察”工程项目已获立项批复。[12]

6. 明清时期

明朝为抵御北元的侵扰不断修筑长城，也是中国历史上修建长城的最后一个朝代。内蒙古境内保存较好的明长城主要集中在两个段落。一段位于内蒙古的西部地区，内蒙古与宁夏交界处。另一段位于内蒙古与山西的交界处，属于呼和浩特市辖区内。明长城的重要性在本书其他章节里，已有过深入探讨，此处不再赘述。

明清时期，满族与蒙古族结盟。努尔哈赤建立了后金国，针对蒙古草原部族采取特殊优待的治理方法。例如，用世袭王公贵族的制度笼络蒙古部族。清朝在蒙古草原大肆封王封爵，一共有100多个蒙古部族王爷，通过这样的方式，可以加强对蒙古草原和部族的管理。满蒙联姻也是另一个加强清朝对蒙古草原和部族管理的手段。来自科尔沁的蒙古贵族是皇太极、顺治帝、康熙帝、乾隆帝等清朝皇帝遴选后妃的首选对象，满蒙联姻一度是清宫廷传统。今天的内蒙古地区，保留了很多满、蒙等民族的非物质文化遗产技艺和文化传统，这些丰富、生动的内容为长城文化带的建设提供了第一手资料，为内蒙古长城文化谱系研究以及内蒙古地区长城国家文化公园的建设提供了重要资源。

二、内蒙古地区艺术审美观念的形成和发展

1. 崇尚自然

在内蒙古地区的土地上，历史上曾诞生了诸多游牧民族。这些草原游牧民族和游牧民族文化，是中华文化传统的一个组成部分。北方游牧民族在草原、沙漠、森林等辽阔的环境中居住、生活，人口密度相对较小，地广人稀，不适合大面积耕种而适合放牧。在与大自然抗衡的过程中，孕育出了北方民族崇尚自然、尚武的精神。民风和战斗力虽颇为强悍，但草原游牧生活方式比较脆弱，一旦出现天灾或者人祸，游牧部落很难生存下去。游牧民族同样经历了从原始社会到奴隶社会再到封建社会的历史发展进程。表现和描绘自然形态，是游牧民族的一个基本艺术特征。例如，札赉诺尔东汉墓出土的翼马纹鎏金带扣，上面的图案，据考证为鲜卑族的图腾象征和信仰标志。金带扣上的纹饰，为四足双翼飞马型神兽，神兽体型健硕，造型优美，两块金带扣呈对称左右样式（见图4-13）。带扣是比较典型的北方民族装饰艺术，带有双翼

图4-13 （东汉）鲜卑翼马纹鎏金带扣

的马是指引鲜卑族进行西迁的神兽。鲜卑族的传统信仰和原始观念中，是以兽为先知的，因此纹饰和图腾以兽形为主。原始图腾更多地带有想象特质，常以异化的猛兽形象示人。鲜卑、契丹、蒙古、女真等游牧民族以驯养马匹为重要生产和生活方式，以马、狼、鹿为图形的艺术品很多。这种飞马图案不同于原始图腾的图形，明显带有驯化特征，包含了神话故事、祥瑞意义、民族图腾等多层含义。

2. 草原文化特征

内蒙古自治区乌盟达茂旗出土的魏晋鹿首金步摇冠，是北方贵族女性的头饰，现藏于中国国家博物馆。自两汉至魏晋南北朝，步摇花的式样就多种多样，并且有地域区别。中原金步摇一般为金花钿和金摇叶构成的步摇冠。这个鹿首金步摇，上半部分以大块的金树叶和金树枝为主体，底部则呈现出一个完整的鹿首形象，耳部装饰有金叶，上部的金树枝则与鹿角相接，还有彩色宝石作为点缀。首先，在颜色搭配上，黄金鹿首搭配白色、绿色宝石。其次，步摇形制跟中原一样，为头冠装饰物，但是款式与造型异于中原，树叶明显大于中原款式，叶子下的鹿角支架为扭曲造型，呈左右对称样式（见图4-14）。这样大尺寸的步摇和对称的形制，应该是居中佩戴的方式，与高耸的发型相配合。最后，中原步摇多为龙凤或者鸟兽花枝造型，鲜卑族金步摇以鹿为主体，尽显草原特色。将其戴在头上，一步一摇，熠熠生辉，体现出草原贵族的尊贵气度。

图4-14　（魏晋）鹿首金步摇冠
中国国家博物馆藏

对于草原游牧生活、草原风光和

射猎等场景的描绘是草原文化的一个重要特征，例如契丹的鞍具工艺。契丹民族是马背民族，以马背为家、鞍具为居。宋太平老人所著《袖中锦》中谈及，当时“契丹鞍、端砚、蜀锦、定瓷”并列为“天下第一”。爱马、饰马是契丹民族的一大特色，其马具制作工艺考究，精美华丽，成就了契丹马具天下第一的美誉。除了骑马、射猎、行军作战，甚至重要盛大的典礼和祭祀等活动，也都在马背上进行。由于鞍马对于契丹社会生活如此重要，因此契丹人在马具的制作上便表现得格外用心，极尽奢华。鞍马被当成家庭财富和积蓄的象征。在所发现的契丹贵族墓葬中，几乎都随葬有鞍具。契丹人的鞍具由络头、衔、镳、马鞍、胸带、鞧带、缨罩、障泥、马镫等结构组成，几乎与现代鞍具无异。

辽代陈国公主与驸马合葬墓里就出土了两套极为精美的鞍具（见图4-15）。陈国公主是辽景宗耶律贤的孙女，其祖母就是我们所熟知的萧太后，驸马也出身豪门贵族之家，是辽圣宗耶律隆绪的仁德皇后的兄长，是陈国公主的舅舅。为他们殉葬的两套鞍马具可谓精美绝伦。公主与驸马的两套鞍马具出土保存基本完好，每套9副，包括银马络、铁衔镳、银马缰、银胸带、银障泥、鎏金铜马镫、包银木鞍、银鞧带等部件，体现了辽代鞍具手工艺制作的最高水平。鞍具不但构造细腻精致，而且装饰图案华丽繁复，具有极高的工艺水准和审美情趣。辽代积极奉行全方位的对外开放政策，作为第一个北方游牧民族政权，辽代拥有幅员辽阔的疆域和高度发展的经济，政局相当一段时间内保持稳定。辽代一直维护着草原丝绸之路的畅通，东西方交往颇为频繁，本土物产源源不断地流通到了中西亚地

图4-15　陈国公主马具复原图

区，而其他国家的很多物产也纷纷引入本土。

3. 多元融合性

在内蒙古地区的考古中，发现了不同历史时期的墓葬壁画。这些深埋于地下的壁画历经了千年的风霜，将已经远去的古代场景鲜活地呈现于世人面前。和林格尔壁画墓（见图4-16），1962年在内蒙古自治区和林格尔县被发现，出自东汉。和林格尔汉墓壁画内容丰富，还带有大量榜题。[13]和林格尔墓室壁画描绘了很多动物、植物、山川形象，包括黄龙、灵龟、神鼎、三足乌、白狼、白鹤、白燕、比翼鸟、九尾狐、白兔、玉圭、白马、明珠、白狐、银瓮、凤凰、麒麟、雨师驾三蛇、仙人骑白象等。“和林格尔壁画的祥瑞大致可以分类为：地瑞（醴泉）、天瑞（云纹）、植物瑞（木连理）、动物瑞（白狐）、矿物瑞（玉圭）、四物瑞（神鼎）、神仙瑞（雨师驾三蛇）等。出现于壁画中的各种祥瑞，有原始民族的图腾（凤凰和黄龙等）、远古人类遗留下来的神话故事（雨师驾三蛇）、国家所存宝物或各地‘贡品’、自然景物（甘露），还有远古史官（巫祝、占侯、史典等）和方士的虚构的东西（银瓮、麒麟），它们都是神化了的形象。”[14]墓内所绘壁画，描绘的是墓主生前任护乌桓校尉的经历。护乌桓校尉为管辖北方地区的汉代官职。“画师在绘画时随意按他的需要而改变不同建筑的视角和透视。先是

图4-16　护乌桓校尉幕府图 局部 采自《和林格尔汉墓壁画》

将宁城的四面城墙按平面图画成方形，又将宁城南门画成正投影的侧立面图。”画面扭曲和变形的模式，是为了能在每个场景中，“突出坐于厅内的主人，让其正对画面前方，以凸显他在莫府中的权势”[15]。《护乌桓校尉幕府图》生动地再现了护乌桓校尉在幕府中举办宴饮的场景，广场当中有很多杂耍的艺人正在为主人进行表演。家丁、武士、宾客、厨师、信使等人物，生动勾勒出当时内蒙古地区幕府的生活场景，这些都是汉文化与草原文化结合的产物。

图4-17　（元）五体文夜巡牌

如果说《护乌桓校尉幕府图》反映的仍旧是汉朝文官吏制系统的话，那么“五体文夜巡牌”（见图4-17）则是对元朝多元融合、高度集中、层级分明的中央政权的真实写照。元朝是多元文化高度统一的时代。元大都建成后，朝廷实行“两都巡幸制”。受到金代牌符制度启发，元世祖忽必烈下诏明确规定，牌符的编号，采用南北朝时期周兴嗣编撰的《千字文》来编排。元代牌符种类多、用途广、影响大，有别于辽金时期，从而构成了蒙古民族特有的一种历史文化。从形制上，可分为长牌和圆牌；从材质上，有金牌、银馏金牌、银牌、铜牌、铜质金字、铁质金字、铁质银字等（其中金牌为顶级牌符，为万户、千户或者皇族、钦差佩带使用）；从装饰上，牌面装饰物带有虎头、狮头者为上，无饰物者次之；从作用上，大致可分为身份牌、令牌和驿牌三种。内蒙古出土的五体文夜巡牌又称“元代天字拾二号夜巡铜牌”，现藏于兴安盟科右中旗博物馆。为圆形、铜质、窄素缘，通高16.3厘米，牌面直径11.3厘米，缘厚0.6厘米，重725克。夜巡牌是专供元上都卫戍部队夜间使用佩带的巡逻腰牌，上面书写其所行使的职权内容，以此证明身份。

这块铜牌双面铸有纹饰和文字，由云气纹组成覆荷状牌顶，上部有孔，穿有方便佩带之用的铁环。顶、牌相交的居中位置有楼阁纹样，内铸一梵文，正反面字、纹相同。正面分为三区，外区为一周三阶如意云头纹，中区左右分别为乌金体藏文和汉字“天字拾二号夜巡牌”，内区正中为一楷书“元”字。背面以弦纹分为两区，外区为一周卷草纹，内区铸有三种文字，从左至右分别为古畏兀体蒙古文、八思巴文和波斯文。整个铜牌上共有汉字、乌金体藏文、古畏兀体蒙古文、八思巴文和波斯文几种文字，体现出元朝多元一体的文化特征。而牌顶上的梵文，有的认为其下半部分是一个八思巴字，上半部分是日月图形。另有学者认为是梵文，音译为“嗡”，即佛教六字真言“嗡嘛呢叭咪吽”的第一个字。元朝这种各种文化和谐并存的局面，开创了中国各民族文化全面交流融合的新局面，展现了元朝中西方文明互融的盛世面貌，见证了中国多元一体文化发展的进程，促进了各民族之间的团结和和睦，增强了中华民族强大的民族凝聚力和创造力。

4. 统一的审美标准

经过长时间的文化融合，草原游牧民族与中原民族有着统一的审美标准，体现在文学、音乐、戏曲、书法、技艺等审美标准的高度统一上。先以辽为例，辽代疆域广阔，东面临海，西接西域，南为中原，北为草原。契丹统治者推行了“因俗而治”的政治制度，即“以国制治契丹，以汉制治汉人”。在统治机构的设置上，从中央到地方推行南北面官制度，推行“胡、汉分治”。《辽史·百官志》中明确记载：“北面治宫帐、部族、属国之政，南面治汉人州县、租赋、军马之事。”具体做法是北面官处理契丹各部及其他游牧、渔猎部族事宜，长官由契丹贵族担任；南面官主要管理汉人和渤海人，长官由契丹贵族、汉人、渤海人担任。辽代作为丝绸之路贸易中的重要参与者，为东西方文化的融会贯通做出了巨大的贡献。

图4-18 （辽）玻璃高足杯

契丹民族所创造的辽文化为游牧文化、西域文化和中原文化的结合体，三者兼收并蓄。吐尔基山辽墓出土了保存完好的玻璃高足杯，其来自西域，高12.5厘米，口径9.4厘米，底径3.9厘米，杯体微泛绿光，杯壁很薄，内有气泡，造型优美，采用无膜吹制法制成，具有浓郁的异域风格（见图4-18）。

我国自隋唐，瓷器大体已经形成了以南方青瓷和北方白瓷为代表的“南青北白”的格局。辽代出土大量瓷器，带有浓郁的草原游牧民族风格，又融入了中原的制造工艺，是二者的完美结合，其中最具代表性的就是鸡冠壶（见图4-19）。鸡冠壶形似马背上的皮囊。鸡冠壶主要有两种款式，穿孔式和环梁式。早期鸡冠壶可以说是游牧民族皮囊的瓷制翻版，不仅器型酷似，有的还特意堆贴出皮扣、皮条、绳环等部件，缝制的痕迹都表现得异常逼真。至中期，鸡冠壶逐渐向扁、瘦方向发展。辽晚期的鸡冠壶将平底变成了圈足，更适合置于桌上。辽代的白瓷胎质细腻，颜色细腻，圆润透亮，端庄大方，对工匠的技艺要求十分高。

图4-19 （辽）鸡冠壶

草原游牧民族擅长歌舞，从辽代壁画《散乐图》（见图4-20）中，可以看到辽上层社会的礼乐文化跟中原礼乐制度一样。散乐是一种民间乐舞，它形式杂散，内容丰富多彩。散乐在传入辽后，即为统治阶层所接受，并且正式行于国家典礼，辽圣宗、兴宗皆通晓音律。《散乐图》乐工皆身穿汉服，另有一舞者为契丹装扮。这种融汇了汉族和契丹歌舞的音乐类型，成为辽代宫廷乐舞的传统之一。《散乐图》的绘画形式上，色彩明艳活泼，具有宋代人物绘画的风格，融古汇今、南北兼蓄，在中国古代绘画艺术史上留下了浓墨重彩的一笔。辽代对中原文化采取宽容及吸收的态度，其社会经济制度、政治制度、法律制度和文化教育等方面，基本上继承了中原汉制，但又有所创新。辽宋在边界设置从事南北贸易的场所，用南部出产的漆器、瓷器、茶叶等交换北部出产的牛羊、金属、马匹等特产。互贸过程中，中原的生产工艺及技术在草原地带广泛传播，极大地促进了北方社会经济的发展。这一阶段，无论是陶瓷器、金银器、纺织品、玉石器还是绘画艺术方面，都显示出文化交融与文化多样的特征。

图4-20　（辽）《散乐图》局部

5. 艺术创造巅峰

元朝作为第一个由少数民族建立的大一统政权，推动了草原文化与中原文化的相融，开创出中国古典艺术的一个巅峰时期。

文学方面，元朝承袭辽、金、宋的文化传统，开创出元曲的繁盛时代。元曲是继唐诗、宋词之后，中国诗歌创作的另一高峰。元曲由散曲和元杂剧构成，杂剧为戏曲，散曲是诗歌，都采用北曲为演唱形式，代表作有关汉卿的《窦娥冤》、白朴的《梧桐雨》、马致远的《汉宫秋》、王实甫的《西厢记》等。元曲有严密的格律定式，每一曲牌的句式、字数、平仄等都有固定的格式要求。押韵上允许平仄通押，与律诗绝句和宋词相比，则有较大的灵活性。在表演方式上，元曲开创了同一剧目多人同台表演的模式，为明清时期戏曲的发展奠定了基础。

在元曲产生的阶段，中国的北方地区已经历经了辽、金、元400多年的统治。城市经济繁荣，市民阶层扩大，带动了市民阶层喜爱的文艺形式的兴盛。元曲产生于民间，亦为民众而生。王国维认为元曲的优点在于“自然”，“写情则沁人心脾，写景则在人耳目，述事则如其口出是”[16]。元曲的这种率真自然，一是来自民间、市民阶层的通俗文化风格；二是吸收了游牧民族、西域民族和蒙古民族的音乐文化，融入了北方草原游牧民族的生活习俗、文化特质以及北方的民族音乐与民歌等创作因素，从而衍生出元曲那自然、豪迈、刚劲、质朴的时代风格。元曲前期以北方为中心，后转移到南方。“前期作家多是以诗文为主兼写散曲，很少有人专门从事散曲创作，这部分人多为高官或文人雅士，如卢挚、姚隧等。或者以创作杂剧为主而兼写散曲，如关汉卿、王和卿、马致远等。后期代表作家有张养浩、贯云石、乔吉、张可久、睢景臣、刘时中等，多不乐仕进，优游于湖光山色之间，欣赏着自然美景和都市繁华，在尽兴之余听曲、赏曲、写曲。”[17]南移之后的元曲逐渐形成了质朴自然、雅俗共赏的特征。

蒙古人统治下元朝存在的时间虽然较短，但是在绘画艺术上也涌现出一批具有跨时代意义的大家。由宋代苏东坡等文人开创的文人画，在元朝达到鼎盛。元代绘画，以文人画为主流，一改宋徽宗时期院体画的细腻画风，有直抒胸臆、豪迈空旷之境。画坛名家辈出，有赵孟頫、钱选、黄公望、吴镇、倪瓒、高克恭、王渊等人。而元代文人画的最高成就为山水画，以抒写个人胸臆为旨，多用山水、枯木、竹石等题材，强调高雅意境和个人风格。传世之作有倪瓒的《渔庄秋霁图》，黄公望的《富春山居图》等。元人山水绘画中创新了笔法，在“披麻皴”的基础上，创造出“折带皴”等技法，使得元代山水画具有气势雄浑、错落有致、格局开阔、灵动而富有神韵的特点。

元青花是元代手工业最突出的成就，元青花的兴盛与蒙古族的传统审美观念有关。蒙古族的早期信仰为萨满教，《元朝秘史》里记载，蒙古人认为“苍色的狼”与“白色的鹿”是自己的祖先。苍狼白鹿的传说是蒙古族远古图腾的来源，在蒙古人的信仰系统里，对青色与白色两种颜色尤为尊崇。在蒙古族的草原生活中，通常见到的是绿色的草地上，一顶顶白色的帐篷映衬在蓝色的天空下，色彩关系非常和谐。成吉思汗时期，蒙古人信仰“长生天观”。“长生天”即蒙古民的最高天神，铁木真获得成吉思汗的称号，意思是尊长生天的旨意，立为大汗。“长生天观”的基本含义就是遵从自然规律。在内蒙古发现的“成吉思汗圣旨金牌”上，用八思巴文镌刻着几行字——“以长生天的名义，皇命不可违，若有不服，问罪当死”（见图4–21）。

图4–21　（元）成吉思汗圣旨金牌

“长生天”是古代蒙古族的最高信仰和力量的源泉。在遵循自然的观念下，青色和白色，与草原大自然色调一致，于是承载了古代蒙古族的信仰意识，成为符号化的象征。元代青花瓷符合这一审美特征。现存的元青花瓷，实用器物的器型相对较大，反映出游牧民族群居的生活特性，外销

图4-22 （元）青花高足杯

瓷元青花反倒多有小巧、精致的器型。内蒙古的集宁路遗址出土的元青花高足杯，便于在马背上饮酒，也被称为马上杯（见图4-22）。集宁元青花高足杯，纹饰为凤纹，龙凤纹多为官窑出品的标志。在元代，南边的瓷器运至集宁，再从集宁向北方的草原输送。集宁地区是一个集散地，它是丝绸之路当中的一个咽喉要道。元朝为了削弱汉族本土宗教的影响力，引入了藏传佛教。“长生天”信仰的色彩系统也随之发生了转变，藏传佛教中常见的红、绿、黑、白，融进蒙古族的颜色系统，“由传统藏传佛教壁画常用的绿、黑、白、红逐步转变为具有蒙古民族特点的红、白、绿、黄”，例如阿尔寨石窟壁画中“较为典型的是26号窟、28号窟和31号窟的部分壁画，这些壁画从其制作手法来看做工都较为粗糙，线条描绘也比较奔放，颜色以黑、白、蓝、绿（石绿）、土红为主，在将掺有麦秸的黏土在洞窟墙面上抹平后，白垩粉打底，粗线条勾勒图案”⑱。

●注释

① 田广金、郭素新：《内蒙古长城地带不同考古学文化的分布区域及相互影响》，《北方考古论文集》，科学出版社2004年版。

② 朱泓：《内蒙古长城地带的古代种族》，《边疆考古研究》第 1 辑，科学出版社2002年版。

③ 豪泽尔：《艺术社会学》，居延安译，译林出版社1987 年版，第32—33页。

④ 黄晖：《福柯的知识考古学理论剖析》，《法国研究》2006年第2期。

⑤《2014 年内蒙古托克托县海生不浪遗址发掘简报》，《草原文物》2016年第1期。

⑥ 韩嘉谷：《论前长城文化带及其形成》，载《长城国际学术研讨会论文集》，吉林人民出版社1995年版。

⑦ 同⑥。

⑧ 甄自明、张震州、郝雪琴：《鄂尔多斯青铜器中的多元文化元素及其交流、传播的青铜之路》，《前沿》2021年第2期。

⑨《史记·卫将军骠骑列传》。

⑩ 甄自明：《鄂尔多斯南部发现隋长城遗迹》，《鄂尔多斯文化》2008年第2期。

⑪ 潘春利、侯霞：《内蒙古阿尔寨石窟壁画的题材特点与艺术特色》，《艺术设计与研究》2017年第2期。

⑫《“草原敦煌”阿尔寨石窟完成壁画主体修复》，https://baijiahao.baidu.com/s?id=1721648461092579084&wfr=spider&for=pc。

⑬ 内蒙古自治区博物馆文物工作队：《和林格尔汉墓壁画》，文物出版社1978年版。

⑭ 许泽萍：《浅谈和林格尔壁画中的瑞应图》，《美术教育研究》2013年

第3期。

⑮ 杨泓：《读〈史记·李将军列传〉兼谈两汉“莫府”图像和模型》，《故宫博物院院刊》2019年第2期。

⑯ 王国维：《宋元戏曲考》，《王国维文集 》第一卷，中国文史出版社1997年版。

⑰ 任红敏：《元曲的雅俗融合及其转换》，《郑州大学学报（哲学社会科学版）》2019年第3期。

⑱ 王鹏：《内蒙古阿尔寨石窟壁画与草原游牧文化》，内蒙古大学2013年硕士学位论文。

第五章

CHAPTER 05

长城国家文化公园内蒙古段文化IP建设

一、文化IP与国潮风

1. 文化IP的兴起

改革开放40多年来，国民经济迅速发展，中国已经一举跃升为世界第二大经济体。在实现政治、经济、社会和生态高质量发展的同时，文化高质量发展才能满足人民日益增长的文化和精神需求。习近平总书记指出，文化兴国运兴，文化强民族强。没有高度的文化自信，没有文化的繁荣兴盛，就没有中华民族伟大复兴。《中共中央关于制定国民经济和社会发展第十四个五年规划和二〇三五年远景目标的建议》中，明确指出到2035年，我国的文化发展目标是建成文化强国。这需要不断提升国家的文化软实力，也是实现民族复兴伟大梦想的一个必要条件。中华民族创造出了光辉灿烂的文化传统。面对新时代提出的要求，除了加强对中华优秀传统文化的传承，还赋予了优秀传统文化新的时代内涵，这为民族文化的创造性转化和创新性发展提供了强大的动力，促进了文化IP及数字文化产业的兴起与发展。

IP是英文 Intellectual Property 的缩写，原意为知识产权。文化IP一般以可再生产、传播和消费的文化符号形式出现，通常包含两个方面的内涵。“对于消费者来说，文化IP象征着某种文化现象，吸引消费者注意力并可能转化为消费行为。对于运营商来说，文化 IP 作为一种无形资产可以通过商业化运营、产业化运营来获取经济效益，实现文化 IP 价值变现。”[①] 近年来，涌现出一批中国文化IP开发的典型案例。敦煌和故宫文创IP、影视产品IP、综艺IP，这些典型的文化IP打造出一股清新、浪漫的气质，将传统优秀文化与现代潮流审美相结合，形成了中国特有的“国潮风”，其兼具审美性、创新性和潮流性。国潮IP引领风潮，国内的原创力量正在不断加强，尤其在数字文化领域里的表现最为突出。新兴国潮文化IP在数字文化领域已经形成了一种独特的发展态势，覆盖了游戏、影视、动漫、舞蹈、音乐、文创产品等门类。

2. 国潮文化IP类型分析

（1）影视类型

最近几年，国内的动漫创作在传统文化的IP开发上屡创佳绩，涌现出《大圣归来》《哪吒之魔童降世》《姜子牙》《白蛇：缘起》《魁拔》《罗小黑战记》《大鱼海棠》等叫好又叫座的动画电影IP，票房一再打破纪录。哪吒和孙悟空这样的文化IP，内涵和意义远超过“熊出没”和“喜羊羊与灰太狼”等动漫系列IP。哪吒是中国传统文化中的经典形象，其电影在艺术画面的设计和制作水准上，更贴合中国传统价值观。而融合了时代新元素的唯美画面和特效技术，则打造出更符合时代的审美趣味，使得中国观众产生了深刻的共鸣。《哪吒之魔童降世》的制作具有以下四个突出的特征。

第一，技术因素。该电影的动画镜头多达5000多个，是普通动画电影的3倍之多。经过反复的挑选后，最终留下了2000个。其中的特效镜头占比达到81%，片中的1000多个特效镜头是由20多个特效团队共同完成的。“前段时间的《白蛇》《魁拔》等作品，尽管票房不俗、制作精美、口碑良好，但同时也受到了电影的非主角人物形象的塑造扁平化，故事不完整，情节单一，传统文化元素的符号杂糅等批评。”[②] 从国产动漫电影来看，国内动漫业的技术手段、制作方式、从业人员以及团队数量和受重视程度，均已达到国际水准。动漫电影的制作水平与欧美、日韩的差距正在缩小。

第二，内容因素。中国动画电影与欧美的差距在哪里？有的人认为中国动画缺的不是技术，而是讲好故事的能力。技术可以赶上，中国几千年的历史文化也不缺故事，差距还是在于创新能力和创新机制上。“我国是一个有着丰富神话资源的国家，对神话资源的发掘和转化既能活态传承传统文化，又能够带动其他产业的发展，真正使文化遗产的效应最大化。”[③]哪吒的故事，对于每个中国人来说都是耳熟能详的。扎双髻、裹红肚兜的小童子模样哪吒不仅出现在连环画、动画片中，还出现在各种电影、电视、民间故事和文学作品中。哪吒的传统形象属于儿童类型，一直鲜有成年版的哪吒形象。哪吒还属于能变化的神仙系列，拥有三头六臂和数件法宝护身，是具有战斗力的英雄类型形象。这些都是属于中国观众的集体记忆，具有相当深厚的传统文化基础。

第三，创新因素。除了前面提到的新技术手段的运用之外，《哪吒之魔童降世》对于故事内容的拓展和创新也颇为大胆。哪吒属于中国古代神话体系中的道教战神系列。哪吒和其师傅太乙真人都为道教神仙。道教作为本土宗教，诸神对应有不同的道场，太乙真人的道场乾元山金光洞在四川江油地区。因此，影片中，不但太乙真人讲一口四川方言，谈吐间尽显川式幽默，而且结界兽的形象也采用四川金沙遗址出土的文物为模板。1979年的电影《哪吒闹海》为哪吒树立了一个经典形象，充满了20世纪70年代的叙事风格和时代特征。2019年的《哪吒之魔童降世》，给哪吒画了一个烟熏妆，鼻孔朝天，牙齿参差不齐，表情很凶悍。敖丙，倒是一改反派面貌，造型非常端庄大方，长相俊美。为了弱化哪吒和敖丙之间的冲突，改写故事的走向，剧本里特意增加了申公豹作为最大反派角色。这是《哪吒闹海》等文本里没有的人物和情节。情节的反转和人物的正邪转化就成了该片的焦点和创新之处。这些改编的内容并没有削弱原有故事的走向和逻辑，为救百姓而舍生取义的哪吒的传统战神本质始终如一，这一点尤为可贵。

第四，IP因素。新版哪吒的IP形象，已经从幼童小神仙，变成了具有年龄跨度的幼童——少儿战神形象，具有养成系特征，这也符合哪吒能变身的特征。新版哪吒长相非但不中规中矩，反倒有几分憨态，突出了普通人也能是英雄的当代价值观念。哪吒与敖丙的双人组合，是强强联合，这两个IP形象，一个憨态可掬，一个俊美清秀，造型符合时下青年人的审美标准和价值观念。

《哪吒之魔童降世》创造出动画电影在中国市场的最好成绩，在2019年12月27日截止的档期内，总票房高达50亿元，成为继《战狼2》之后中国电影市场单片票房突破50亿元的电影，位列中国影史票房榜第二。《哪吒之魔童降世》斩获了最佳动画长片奖金奖、最佳动画导演奖等一系列奖项，为国漫电影提供了一个发展方向。

（2）文创产品类型

以故宫、敦煌等为代表的文创IP和文创品牌系列，为国潮文创的发展奠定了基础。文创产品主要依托的是文博展示主体，在场馆推出系列产品，形成文博系统的专属品牌营销模式。主打实用性，突出潮流性、创新性和时代感，成为年轻群体的消费潮流。故宫IP已经自成系列，康雍乾三朝的形象是主打系列。从朝珠耳机、朕系列文案扇子、花翎官帽雨伞、手机外套、宫廷扇、公交地铁卡包，呈年轻化、时尚化和市场化趋势。故宫IP产品的图案比较特殊，采用的是故宫博物院馆藏品的造型、颜色、纹饰和图案。故宫除推出自己的系列产品之外，还与各大国货品牌合作，以授权等形式与毛戈平、花西子等国产品牌联名，扩大开发故宫系列化妆品，品质不断得到提升。与李子柒等网红合作开发了故宫食品系列产品，在故宫淘宝店专营。以往的故宫旅游产品是扇子、杯子、帝后书法仿品等，如今的创意产品层次很丰富，覆盖了众多领域，而且销售渠道多样化，线上与线下同时进行，还不时推出联名款和定制款产品，吸引了来自世界各地的年轻消费群体购买。故宫对自身文创IP风格和形象的优化、重组和定位，改变了以往的固化经营模式，推动故宫向更灵活、生动、年轻的方向发展。

敦煌文化的IP开发也属于同一类型。除一般的消费品之外，敦煌还成功开发了乐舞系列，吸引了民间力量的加入，成为自媒体平台上的热点。各种敦煌造型模仿秀、音乐舞蹈类二次创作、短视频创作层出不穷。敦煌博物馆积极利用这股热潮，与各方展开合作，如与《这就是街舞3》综艺栏目跨界合作，与腾讯合作《新国货》纪录片，并与阿里天猫开展“掘色敦煌”专题活动，直播带货推广敦煌IP。文博系统借助国家队的强大实力，打造文博IP，推出文创产品，重塑传统文化IP的活力，扶持民族品牌的创新。

（3）歌舞类型

从《唐宫夜宴》《洛神水赋》《龙门金刚》《芙蓉池》《纸扇书生》到《祈》，河南卫视打造出了一系列的歌舞类爆款节目。《唐宫夜宴》主打唐风，演员一改瘦削的体态，丰腴婀娜，身着唐宫服饰，穿行于遗址、宫殿和画作等场景中。实景和虚拟技术结合，并借助VR科技，再现“妇好鸮尊”“贾湖骨笛”“莲鹤方壶”等国宝，打造出唐风视觉盛宴。自《唐宫夜宴》开始，河南卫视依托中原文化深厚的文化资源优势，推陈出新，打造出备受观众喜爱的节目，既烘托了传统文化的博大精深，更提升了文化认同和文化自信。河南博物院面对热点反应迅速，顺势推出了博物馆考古盲盒系列产品。河南博物馆盲盒产品一度成为一个热潮。河南卫视所打造的节目首先依托的是二十四节气和节日庆典，以传统节日作为着眼点，制作出《洛神水赋》《龙门金刚》这样的传统歌舞类节目，集体性和仪式感十足。《纸扇书生》一改浓烈绚丽的画风，清雅俏皮的书生一路沿着著名景点舞出儒释道传统，将河南文旅元素融入歌舞IP，《清明上河图》《兰陵王破阵曲》《洛神赋》《伤寒杂病论》等历史文化故事悉数融入，获得好评无数。

《只此青绿》舞蹈诗剧，为“庆祝中国共产党成立100周年舞台艺术精品工程”重点扶持作品，取材于北宋院体画家王希孟所绘《千里江山图》。《千里江山图》为纸本青绿山水图，以蓝色、绿色、黄色为基本颜色，描绘的是江南的大好河山。《只此青绿》将人物提炼出来，用动作、服饰、造型和舞美来表现静态的色彩、画面和构图，表达出中国传统审美观念的现代意味。北京演艺集团大型舞剧《五星出东方》一经推出，效果不同凡响。《五星出东方》舞剧的构想和题材源自古丝绸之路上的新疆和田尼雅遗址出土文物，“五星出东方利中国”为汉代织锦护臂，为限制出境的珍贵文物。该舞剧把考古发现、文物价值、历史意义和丝绸之路联系起来，用歌舞的方式解析了《五星出东方》的当代价值。这些是国潮中的几个典型案例，成功打造出文化IP，将古代文物、文化遗产概念化、活化，抽取出其中的核心内容，转化成为文化IP，并衍化出一系列产品。

（4）游戏类型

《王者荣耀》是腾讯推出的国风竞技类游戏，随着对游戏的解析，《王者荣耀》从一款竞技游戏转变成为游戏IP。《王者荣耀》开启了用户共创模式，为用户实现开放式的参与模式，从内容到任务再到皮肤，都可以实现用户创新玩法。《王者荣耀》设立了王者风物志、荣耀中国节、王者天工阁等环节，将线上游戏与线下实物结合起来，吸引更多的用户进入。《王者荣耀》的CG影片“不夜长安”篇章，利用了大量盛唐时期的文化元素，武则天、狄仁杰等唐朝人物都重现长安城，在网络游戏世界里再现了大唐的不夜城。《王者荣耀》联合开发了越剧新文创项目，打造了一款越剧文化皮肤，塑造越剧虚拟偶像上官婉儿，并特别打造了婉儿数字互动展与用户长期互动，科普越剧文化。随着长安赛年版本的开放，《长枪掠火》里打造了新英雄云缨形象。女英雄云缨环节，不但带有新的剧情，还邀请了四川峨眉武术非遗传承人为角色设计出中国传统的云缨枪的整套枪法动作。云缨从名字上就能看出其与中国传统武器红缨枪的关系。红缨枪是冷兵器时代步兵与骑兵的长枪武器，因顶上挂了一个红穗子而得名。《江南百景图》《梦幻新诛仙》《梦幻西游》等国风游戏纷纷尝试从不同角度切入，找到与传统文化相结合的新方式。

《2020年中国游戏产业报告》显示，中国自主研发游戏的国内市场实际营销收入达2401.92亿元，比上年增加506.78亿元，同比增长26.74%，占国内市场营销总额八成以上。而根据《2021年中国游戏产业报告》，2021年以电竞入亚、《英雄联盟》总决赛夺冠等事件为契机，电子竞技产业的社会影响持续扩大，“国内游戏市场销售收入中，贡献最大者依然为自主研发游戏。2021年，自研游戏国内市场销售收入2558.19亿元，较去年增收156.27亿元，同比增长6.51%，增幅同比缩减约20%。与此同时，自主研发游戏海外市场销售收入180.13亿美元，较去年增收25.63亿美元，同比增长16.59%，增幅同比缩减约17%”[④]。2021年，中国游戏市场实际销售收入2965.13亿元，较上一年增收178.26亿元，同比增长6.4%；国内游戏用户规模6.66亿人，同比增长0.22%，用户数量渐趋饱和。

二、内蒙古长城文化IP的竞争力

长城国家文化公园内蒙古段的资源异常丰富，包括长城实体性资源、自然生态资源、历史文化资源诸多内容，为长城国家文化公园的文化IP以及数字文化建设提供了不可估量的创作来源以及源源不断的再生动力。内蒙古地区较为特殊的历史和文化地位，在长城国家文化公园的文化IP建设上具有明显的区域优势。国家文化公园数字文化品牌建设需要创新出专属的、具有时代特色的文化IP，同时要牢固树立起品牌意识，向体系化和系统化的方向发展。借助国家文化公园的战略布局，打造中国的文化IP、数字产品以及数字文化品牌。长城国家文化公园的开发和建设，要借助科技的进步，跨越历史的鸿沟、弥补自然留下的缺陷，传承古代文明和智慧，创新发展出属于当代的文化和价值。

内蒙古长城国家文化公园的文化IP以长城实体为主体基础，包括历代长城遗址、古城遗址，同时覆盖长城沿线的古村落遗址，包括自然生态景观、历史遗迹、岩画、民俗、手工艺、节日典礼、影视、动漫、文创产品、体育竞技、舞台艺术、表演艺术、民族书画、民族宗教等方面内容。在“十四五”时期文化保护传承利用工程储备项目名单中，内蒙古共有18个国家文化公园项目，其中9个为长城国家文化公园项目。全区12个盟市和76个旗县都有长城遗迹，能挖掘相关的资源。

根据2019年颁布的《长城、大运河、长征国家文化公园建设方案》，国家文化公园将“重点建设管控保护、主题展示、文旅融合、传统利用4类主体功能区，推进保护传承、研究发掘、环境配套、文旅融合、数字再现5大基础工程”⑤。2020年，文化和旅游部在《关于推动数字文化产业高质量发展的意见》中明确指出，要“将数字文化产业发展与长城、大运河、长征、黄河国家文化公园”⑥等项目的发展相衔接，促进产业集聚，实现溢出效应。数字产业要强化内容建设，充分运用动漫游戏、网络文学、网络音乐、网络表演、网络视频、数字艺术、创意设计等多种产业形态，“培育和塑造一批具有鲜明中国文化特色的原创IP，加强IP开发和转化”⑦。数字再现工程作为国家文化公园的一个重点建设项目，就是要让文化遗产“活起来”，并突出活化传承和合理利用，进一步诠释和弘扬长城遗产的价值，打造文化IP是其中的一个重点和方向。2020年11月，文化和旅游部发布的《关于推动数字文化产业高质量发展的意见》中引入IP概念，提出“培育和塑造一批具有鲜明中国文化特色的原创IP，加强IP开发和转化，充分运用动漫游戏、网络文学、网络音乐、网络表演、网络视频、数字艺术、创意设计等产业形态，推动中华优秀传统文化创造性转化、创新性发展”⑧。长城是中华民族的历史起点，承载着中国文化自信的脉络和源泉。长城国家文化公园的建设不仅阈限于对长城的保护和修缮工作，还可以将深入挖掘、整理和开发文化IP作为一个新的途径和手段，为建设长城国家文化公园提供助力。

1. 传统典籍和经典故事

内蒙古地区有许多丰富的历史文化资源，其中很多为人们耳熟能详，如昭君出塞、文姬归汉、木兰从军、老子出关之后的居延传说、丘处机西行觐见成吉思汗的传道之路等传奇故事。此外，还流传有大量的边塞诗文、民间传说和民俗故事，涉及文学、宗教、考古、艺术、戏曲、民俗、影视等各方面内容。

（1）“天子命我，城彼朔方”⑨

在大量的历史典籍和文献中，内蒙古地区的长城最早可以追溯到战国时期。这些重要的史料典籍资源值得重新研究、深入考察，并加以系统整理和利用，开发出全新的时代价值。“天子命我，城彼朔方”出自《诗经》的《小雅·出车》篇，朔方在哪里现已不可考证，但是据史籍记载，内蒙古地区最早的长城始建于公元前290年前后。

《史记》中记载燕国在公元前290年前后，修筑燕北长城，即内蒙古燕北长城段：“燕亦筑长城，自造阳至襄平，置上谷、渔阳、右北平、辽西、辽东郡以拒胡。”⑩赵武灵王在位期间，“筑长城，自代并阴山下，至高阙为塞，而置云中、雁门、代郡”⑪。这一段也记载在《史记·匈奴列传》中，记录了赵武灵王曾经修筑长城、迁民北疆、开发边地并增设云中、雁门、代郡三个郡县的过程。赵武灵王修筑的战国赵北长城，从地图上来看，自东向西依次分布于现今的乌兰察布市、呼和浩特市、包头市以及巴彦淖尔市区域。赵北长城的大部分墙体修筑在阴山南麓，长城东部的一小部分则位于燕山山脉，长城蜿蜒于燕山和阴山之上，拱卫着赵国的国土和都城邯郸。这一段赵武灵王修筑的长城，至今仍残存遗迹，位于今呼和浩特市大青山蜈蚣坝。赵武灵王以“胡服骑射”闻名于史，这一段赵国长城则忠实地记录了赵武灵王和那个社会时代的印迹。

《史记·蒙恬列传》记载：“秦已并天下，乃使蒙恬将三十万众北逐戎狄，收河南。筑长城，因地形，用制险塞，起临洮，至辽东，延袤万余里。于是渡河，据阳山，逶蛇而北。”[12] 秦王朝为加强北部边疆的管理，在北部修建了万里长城，连接起当时诸侯国燕、赵、秦所修建的长城之后，形成了我国历史上第一条西至临洮东起辽东的万里长城。秦长城代表着中国首个、统一的、中央集权的封建王朝的建立。秦汉长城的墙体多为就地取材砌筑方式，采用石块与土筑相结合的形式，山上为石头垒砌，平地为黄土夯筑，并在个别地段以山险、河险天然屏障为阻，例如敖汉旗十二连山、马家湾的老哈河等。

（2）“旦辞黄河去，暮至黑山头”[13]

内蒙古长城沿线有着大量的古代经典文学故事，至今留存于诗词、小说文本中，被吟唱千古，这些故事是重要的传统文学IP资源。南北朝时期的《木兰辞》就是一个流传广泛、大众耳熟能详的故事——木兰从军，木兰从军的故事见于《乐府诗集》中的《木兰辞》。《乐府诗集》辑录了汉魏到唐、五代的乐府歌辞和民歌，其中《木兰辞》与《孔雀东南飞》齐名，合称“乐府双璧”。“唧唧复唧唧，木兰当户织。不闻机杼声，唯闻女叹息……旦辞黄河去，暮至黑山头，不闻爷娘唤女声，但闻燕山胡骑鸣啾啾。万里赴戎机，关山度若飞。朔气传金柝，寒光照铁衣。将军百战死，壮士十年归。”[14]《木兰辞》讲述的是北魏时期的一位女子，女扮男装代父出征的传奇故事，叙事生动活泼，简练明快。诗歌中提及了木兰北征路上的几个明确地点和方位：黄河、黑山头、燕山。这一趟征程在早上出发，夜里抵达了黄河岸边。第二天渡过黄河，赶到了黑山这个驻所。“万里赴戎机，关山度若飞”，这里直接描写了遥远的边塞和连绵起伏的山脉。花木兰的军队从南边出发，渡过黄河，一直奔北抵达了边塞，能听见敌人战马的嘶鸣声。

《木兰辞》里的黑山头就是今天的阴山山脉。阴山在蒙古语意即“达兰喀喇”，意思为“七十个黑山头”。唐代柳中庸的《征人怨》也提及，

“万里黄河绕黑山”。黑山就是阴山山脉里的杀虎山，位于今内蒙古呼和浩特市东南，距离黄河不远。而《木兰辞》里的“燕山”指燕然山，在今蒙古国境内。花木兰及其部队所驻守的就是呼和浩特市附近的长城关隘及其沿线地域。黄河作为地理上的标识，证明了黑山头与燕然山的确切位置，也就是花木兰所去到的地方。

《木兰辞》中记载的十年战事，是发生在北魏与柔然之间的真实故事。429年，北魏太武帝北伐柔然，“车驾出东道，向黑山”“北度燕然山，南北三千里”[15]。游牧民族柔然在南北朝时期曾经多次南侵，挑起与北魏、东魏、北齐之间的战争，最主要的战场正是黑山、燕然山一带，也就是今天内蒙古的长城沿线地区。木兰从军的故事从古至今，一直被吟咏，见于各种典籍、文本、戏本、小说中，相关的影视作品更是数不胜数。

花木兰的故事曾被迪士尼改编成动漫电影和真人电影，塑造出东方公主和木须龙文化IP形象，成为“迪士尼公主+玩偶”系列模式中的一个环节。花木兰IP已经衍化变成好莱坞的一个东方文化IP，围绕此IP的文学作品创作、影视剧创作、动漫创作、游戏产业等文化产业都能在主题公园的框架下展开，从一个IP延伸至整个产业链。木兰从军的地点是长城内蒙古段，围绕着长城这个故事的发生地，还有很多宝贵的历史、文化遗存，这些都可以帮助打造出具有国潮风的花木兰IP系列，让花木兰IP回归中国。长城国家文化公园的建设应该把握好这些优质资源，抓住有利时机，对传统IP加以活化、深化，实现有效利用。

（3）“羌胡蹈舞兮共讴歌，两国交欢兮罢兵戈”[16]

音乐、戏曲、少数民族舞蹈、民间信仰以及古代绘画中的特殊艺术形象和相关作品是建设内蒙古长城国家文化公园重要的艺术资源。长城包含很多英雄、战争和历史的故事，边关叙事通常以男性为主角，但是在内蒙古大量的边塞诗文里，长城不但有着北方尚武的男性英雄精神，还有一些非常独特、典型的女性英雄形象。除花木兰之外，还有王昭君和蔡文姬“昭君出塞”和“文姬归汉”的传奇故事对后世的影响比较突出。王昭君的《怨词》和蔡文姬的《胡笳十八拍》都作为曲谱吟唱至今。昭君出塞，与匈奴和亲，以一己之力保边疆几十年无战事，其功绩因此彪炳史册。蔡文姬则是以女性文人和艺术家的身份，塑造出中国古代封建时期女性的另一类形象。

蔡文姬的《胡笳十八拍》也是一首音律叙事诗，描写了东汉乱世的景象和她个人的一段苦难生涯。她的生活围绕着长城内外，被分隔为三个阶段：安逸生活、被劫掠至匈奴、重返家乡。《胡笳十八拍》叙述了曹操以重金赎回蔡文姬的过程，也是“文姬归汉”故事的由来：“冰霜凛凛兮身苦寒，饥对肉酪兮不能餐。夜闻陇水兮声呜咽，朝见长城兮路杳漫。追思往日兮行李难，六拍悲来兮欲罢弹……东风应律兮暖气多，知是汉家天子兮布阳和。羌胡蹈舞兮共讴歌，两国交欢兮罢兵戈。”[17] 蔡文姬在诗文中描写了自己历经的战乱，也控诉了骨肉分离的痛苦。诗中还表达了个人对于和平生活的渴望，希望匈奴与汉朝不再兵戎相见，睦邻交好，让自己不再忍受母子分离的苦难。《胡笳十八拍》里直接提到长城，但是当时的长城已经不再是汉朝的边关和城防。匈奴越过了长城，进入中原大肆劫掠，长城的军事功能已经被消除，那道高高的城墙已经变成对故国及家乡的一种想象和象征。

2. 草原文化遗产线路

在漫长的游牧民族历史中，除长城之外，辽阔的草原上还形成了两条具有历史意义的文化遗产线路：草原丝绸之路、万里茶道。

（1）草原丝绸之路

草原丝绸之路为东西走向，主要指跨越蒙古草原、连通欧亚大陆的中国商贸古通道。草原丝绸之路从青铜时代就是草原民族进行商贸往来的通道，是丝绸之路的重要组成部分。匈奴的崛起，拓展了蒙古草原地带的商贸路线，与漠南的沙漠丝绸之路形成亚欧大陆南北两大交通要道。草原丝绸之路沿线出土了大量的文物、墓葬和器物，例如蒙古国诺言乌拉、高乐毛都匈奴墓葬中出土的中原风格玉饰件、汉字丝绸、青铜器、漆器、汉式铜镜、汉文化墓葬器物等文物。这些文物是草原丝绸之路的重要实物例证。

草原丝绸之路在蒙元时期发展与繁荣达到顶峰。元朝正式建立了驿站制度，以元上都、元大都为中心，设置了帖里干、木怜、纳怜三条主要驿路，构筑起元朝上通下达的行政与商贸、文化交通网络。元朝驿路连通了漠北和西伯利亚，向西经过中亚到达欧洲，向东抵达东北乃至朝鲜半岛，向南通往中原腹地。这三条连接欧亚大陆的交通要道，构成了元朝草原丝绸之路最为重要的主体部分。

在成吉思汗时代，史料记载，大汗于西征途中曾经远召了道、儒两位中原人士觐见，一位是道教宗师丘处机，另一位则是契丹族大儒耶律楚材。耶律楚材和丘处机前后应诏西行，穿过漠北草原，跨越阿尔泰山脉，到达中亚，就是今天乌兹别克斯坦的撒马尔罕。他们分别走的是草原丝绸之路的南北两条线路。丘处机与耶律楚材西行作有大量诗文，二人之间的交集更有诗作应和。李志常的《长春真人西游记》主要记载了丘处机西行时的经过，耶律楚材则撰写有《西游录》。耶律楚材从燕京出发，历时三个月见到成吉思汗率领的蒙古大军。“《西游录》记载的草原丝绸之路，实际上是两段：即燕京至哈剌和林、哈剌和林至中亚。从燕京故居永安（香山）启程，出居庸关，经云中（山西大同）、武川（内蒙古境内），越天山（阴山）和大漠，到达佉绿连河（今克鲁伦河）畔成吉思汗大帐。大军西征时，从漠北西行，越阿尔泰山、过也儿的石河（额尔齐斯河），再南下至伊犁河流域，从阿力麻里城向西，经西辽故地碎叶川，直达锡尔河、阿姆河之间的中亚重镇撒马尔罕等地。”[18] 在《西游录》里耶律楚材感叹道，蒙军“车帐如云，将士如雨，马牛被野，兵甲赫天，烟火相望，连营万里，千古之盛，未尝有也”。1219年，成吉思汗召见丘处机，求取长生之道。丘处机为全真教“北七真”之一，全真教为王重阳所创立，以内丹修炼为基础，提倡三教合一，主张功行双全，以期成仙证真，因而得名为“全真”。丘处机所处的时代，北方的大片土地已经沦为金国所有，政局动荡。丘处机作为北方宗教领袖，在民众中享有极高的声望。成吉思汗在西征花剌子模的途中，派遣近臣赐虎头金牌召见丘处机。丘处机以72岁高龄，率领弟子18人从莱州出发踏上了西行觐见之路。1221年春，丘处机出宣德（今河北宣化），取道漠北西行，当年11月抵达撒马尔罕。次年4月于大雪山（今阿富汗兴都库什山）晋见成吉思汗；10月东还，1223年秋回到宣德。在《长春真人西游记》中记载的丘诗云：“我之帝所临河上，欲罢干戈致太平。”后世认为丘处机与成吉思汗论道有“一言止杀”之功。

（2）万里茶道

万里茶道为南北走向。万里茶道最初由晋商开发，从中国福建崇安（现武夷山市）开始，途经江西、湖南、湖北、河南、山西、河北、内蒙古，从伊林（现二连浩特）进入现蒙古国境内，穿越沙漠戈壁，经库伦（现乌兰巴托）到达中俄边境的通商口岸恰克图，是中国、蒙古、俄国之间以中国南方出产的茶叶为大宗商品的长距离贸易线路。万里茶道是继丝绸之路之后，在欧亚大陆兴起的另一条重要的国际商道，具有经济、文化交流的重要意义。自2012年开始，万里茶道开展联合申遗工作。内蒙古是万里茶道上的重要枢纽和交通节点，是万里茶道上中国境内连接俄蒙通道的关键，也是我国北方最大的商贸桥头堡。万里茶道不仅具有重要的历史、文化价值，更具有重要的现实价值。开发万里茶道，将对地区的文化经济建设起到重大推动作用。2022年，万里茶道沿线九省（区）共同决定，进一步加大万里茶道申遗宣传、推广等相关工作力度，继续举办“世纪动脉——万里茶道九省（区）文物巡展”、万里茶道2022环中国自驾游集结赛等活动。万里茶道的数字化建设工程也在有序进行中，各省区继续完善万里茶道申遗网站、万里茶道申遗微信公众号等数字项目。

三、文化IP与开发路径

通过上述分析可以看出，长城文化IP除了实体资源和传统文化内涵之外，还衍生出了影视IP、综艺IP、英雄IP、红色IP、非遗IP、体育IP等诸多形式的外延。董耀会曾指出：“建设长城国家文化公园，既是一种经济外延式扩张的发展模式，更是要通过促进文化旅游和其他产业整体发展，做到经济外延和文化内涵全面增长。”[19] 国家文化公园的战略以经济外延和文化内涵的增长为目的，长城文化IP的建设和发展，为长城国家文化公园提供了数字化的开发路径，也是推动文化产业发展的核心动力之一。

1. 民族及民间力量的转化

自秦以来，内蒙古长城沿线战事连绵，军队和士兵以及屯垦的边民来自各个地区。因与丝绸之路相连，长城沿线成为人口迁移和民族交往的会聚点。内蒙古地区会聚了蒙、满、藏、汉、回等各个民族的人群和村落，成为多民族、多文化、多重传统重叠和交流的聚集区。该地区因而形成了丰富的非遗资源，并保留至今。值得注意的是，部分内蒙古的非遗资源，所承载的是除汉族历史、汉字书写史之外的少数民族传统和历史，这些资源也是中国历史的组成部分，更是整个中华民族大团结和民族基因融合的有机组成部分。

其中，蒙古族长调民歌和呼麦是联合国人类非物质文化遗产，具有世界级的影响力和传播力。在内蒙古地区的非遗名录里，传统音乐类的非遗数量最多，包括呼麦、长调、马头琴和四胡、民歌等。以2021年为例，在第五批国家级非遗代表性项目185项中，内蒙古就有“江格尔、鄂温克族民间故事、和硕特民歌、乌珠穆沁长调、萨吾尔登、二人台、乌审走马竞技、察哈尔毛绣、蒙古族皮艺、图什业图刺绣、马鬃绕线堆绣唐卡、巴林石雕、蒙医乌拉灸术、乌拉特铜银器制作技艺、三空李氏正骨、巴音居日合乌拉祭、六十棵榆树祭”等17个项目入选。[20]至今，内蒙古地区的国家级非遗代表性项目有98个，另有106处保护单位。

保护和利用好非遗IP是文旅融合的一个重要内容，应积极推动民俗类非遗IP与旅游相结合，适应文旅融合的发展思路和建设要求。如成吉思汗祭典、祭敖包、鄂尔多斯婚礼、那达慕、达斡尔族服饰和鄂温克族服饰等都是属于这一类的IP内容。此外，传统技艺类的也比较常见，例如蒙古族勒勒车、蒙古马具、牛羊肉烹制技艺、奶制品制作技艺、蒙古包营造技艺等。一些地方性项目，如达斡尔族曲棍球、蒙古象棋、蒙古书法、蒙古刺绣等，由于受众、语言、文字等原因不容易被普通游客所理解和接受，也不太容易实现转化。蒙医药学和藏医药学、苗医药学一样，是少数民族世代积累并延传下来的优秀成果。蒙医蒙药源自民间，传统医药类非遗代表项目有赞巴拉道尔吉温针、火针疗法、蒙医传统正骨术、蒙医正骨疗法、血衰症疗法。其中的科尔沁正骨术最为有名，不但具有独到的临床疗效，而且是以萨满医的形式保存和流传下来的。清朝宫廷的正骨技艺、骨伤治疗与科尔沁正骨术有着密切联系。宫廷正骨术至今仍在中医领域发挥着重要作用。

蒙医对人体及生命形式的认知非常有意思，带有游牧民族的特点，其具有独特的理论体系和萨满医学特征，与汉族中医理论结构和体系不一样。这些独特和稀缺的内容除科研、保护、传承之外，还常常以影视化的途径出现在大众视野。电视连续剧《还珠格格》中，就曾把萨满巫医和蒙古族医药的内容，嫁接到清宫剧和香妃的身上，以戏剧化的形式表现出来，为广大观众所喜闻乐见。

2. 大众文化传播手段的运用

强大的文化IP 能推动文化原创，加速文化产业发展，增强文化传播效应，实现文化输出的战略目标，达到文化强国的目的。除古城遗址、村落、文物文献资料之外，内蒙古地区北方游牧民族政权、风俗和遗迹也为文化IP的发展提供了素材和基础。文化IP能够成功转化为文学、影视、动漫、戏剧、音乐、游戏等文化产业和数字产业的相关内容，并且能孵化出衍生产品和衍生系列，从而产生巨大的经济和社会效应。

内蒙古地区的历史和文化地位较为特殊，相对于相邻省份，在国家文化公园文化IP建设上，具有明显的优势和区域特点。内蒙古地区的历史文化资源，涉及文学、宗教、考古、艺术、戏曲、民俗、影视等方面。在当代影视作品、文学创作、网络文学中，有大量对于内蒙古历史、事件、人物和传说的描写和改编，重新塑造出文化IP。像成吉思汗、蒙恬、卫青、王昭君、蔡文姬、花木兰、丘处机、耶律楚材、孝庄太后等相关历史、人物、事件，甚至建筑、自然环境都被转化成IP形式，故事反复被改编加工和利用，每隔一段时间就会被翻拍和重塑，成为经典。国内的优秀电视剧作品有《射雕英雄传》《神雕侠侣》《还珠格格》《孝庄秘史》等。金庸的系列武侠作品有着大量的对蒙、元、金时期各个重要历史人物的描写，由香港影视公司拍摄成电视连续剧，至今已经多次被翻拍，成为武侠小说文本改编成电视剧的经典。港剧中塑造出带着港台腔调的成吉思汗、文弱的拖雷王子、如江南女子般娇羞的华筝公主，甚至处事有点简单粗暴的丘处机，并未妨碍 “黄金家族”、北方彪悍民族形象以及道教治病救人宗旨在大众文化中的确立和传播。《还珠格格》是琼瑶的系列电视作品，因浪漫主义的气息、天马行空的想象力、独特的语言魅力，在国内影视剧领域里领一时风气之先，成为港台地区与大陆资源精诚合作的经典范例。《孝庄秘史》是尤小刚导演的国产清宫剧系列，以来自科尔沁草原的贵族小姐大玉儿的传奇经历为蓝本，描写了清朝建立初年的一段历史。剧中大量对科尔沁草原风光、蒙满风俗以及历史人物的刻画和描写，丰富了整部影视剧的结构，拍得非常唯美浪漫，时隔多年仍深入人心。

英雄类的题材在内蒙古影视创作中比较常见，草原民族历来崇尚英雄、赞美英雄，将效仿英雄当作人生的最高价值追求。主流影视作品常表现草原情怀、讴歌赞颂民族英雄，以及人与自然生态之间的平衡关系。护卫和平的王昭君和匈奴首领呼韩邪单于，统一蒙古草原的成吉思汗，抵抗沙俄统治的东归英雄渥巴锡汗，反抗日本帝国主义、保护草场家园的嘎达梅林，巾帼英雄敖蕾·一兰都是内蒙古主流影视创作题材中的重点和热点。优秀主流影片有：《前进中的内蒙古》《民族大团结盛会》《敖蕾·一兰》《重归锡尼河》《猎场札撒》《黑骏马》《天上草原》《母鹿》《成吉思汗》《骑士风云》《东归英雄传》《马可·波罗东游记》《悲情布鲁克》《一代天骄成吉思汗》《嘎达梅林》《草原母亲》《生死牛玉儒》《赛因玛吉克的儿子》《重返西日塔拉》《季风中的马》《图雅的婚事》《长调》等。对英雄的崇拜和赞颂能够为民族确立统一的人格理想和价值目标，弘扬了传统文化中的个体动力，激励了民族集体才能的充分展示，为影视艺术创造和发挥开创了无限的空间。

主流影视作品有对英雄人物的讴歌，也有对民族风情的展示，表现出对当代草原居民生活状态、生存方式、生命体验、信仰追求的展现与思考，体现出深厚的人文主义情怀。草原影片凭借其独特性、真实性和艺术性，在国际影展上屡屡斩获大奖，赢得全球瞩目，且备受好评。《图雅的婚事》（见图5-1）获得第57届柏林国际电影节最高奖项金熊奖。《图雅的婚事》以小人物为视角，通过展现草原一户牧民的生活经历，将牧场的工业化进程，以及草原荒漠化困境和牧民生活方式的改变用现实主义的拍摄手法叙述出来。草原的自然环境和人文环境与千百年来的文化习俗息息相关。蒙古族作为公认的草原民族后裔，不仅至今仍旧生活在这片大草原

图5-1 《图雅的婚事》电影海报

上，而且是内蒙古自治区的主体民族，堪称草原文化典型的集大成者与传承者。内蒙古地区至今仍然生活着约600万蒙古族人，草原祖先的游牧生活、蒙古族古老的信仰都在这几百万人中代代相传。蒙古族至今仍然保持着祭祀长生天的习俗和蒙古族的各种节日和礼仪。每年怀着对英雄的崇拜和敬仰，让一群人回到祖先的故地虔诚祭拜，这根本不是制度的约束和金钱的吸引，而是由本民族自身的纯粹文化和纯洁信仰所致。这个群体在自己的家乡土地上保留有无数个动人故事，讲好这些故事，是民族文化传承和发展的一个动力和基础。

3. 数字媒介网络生产模式的转变

21世纪的网络文学IP创作也有突出表现，地区的独特资源推动网络小说创作中内蒙古元素和内蒙古文化IP自成系列。包括马伯庸的《长安十二时辰》、天下霸唱的《鬼吹灯之龙岭迷窟》、南派三叔的《大漠苍狼——绝地勘探》、蒋胜男的《燕云台》及《芈月传》等网络小说。马伯庸的《长安十二时辰》已经由网络文学成功改编成电视连续剧，在播出之后，又以该剧中人物形象和场景为蓝本，影视授权继续制作成了同名的网络游戏。在游戏中，玩家可以化身剧中的人物，开启拯救长安的个人专属任务。游戏复刻重现长安城一百零八坊，西域商贾自由交易的西市，迅速传递信息的望楼，暗藏于各坊中的狼卫，充分体验到网络文学作品和影视作品中营造出来的虚拟时空和紧张又悬疑的故事情节。马伯庸的代表作品有《显微镜下的大明》《古董局中局》《风起陇西》《三国机密》《龙与地下铁》《长安十二时辰》《末日焚书》《街亭杀人事件》《破案：孔雀东南飞》《宛城惊变》等。马伯庸IP改编大约有11部之多，历史题材古装剧最多。从《长安十二时辰》到《风起洛阳》再到《风起陇西》，马伯庸IP影视剧从画面到场景、选角和风格都已经有自成系列的倾向。“马伯庸小说改编的影视作品，具有美剧类型叙事和中国历史结合的IP，既有与世界、与年轻观众接轨的网感，也因涉及非遗传承和历史名城等元素而拥有了‘传统文化’的强大背书，还提供了讲‘宇宙故事’的可能性，一箭三雕；对于资本而言，马伯庸IP的延展性够好，一个支点撬动文旅与汉服圈大繁荣。”[21] 这些网络小说将辽金、西夏、元朝等北方民族的历史作为第一视角，以探寻历史文化和遗迹作为故事的主旨，塑造出具有民族特色的系列网络小说。作为开疆拓土第一人的成吉思汗，他神秘的墓葬所在和特殊的丧葬仪式是盗墓系列小说孜孜以求的传奇目标。西夏历史考古成果和居延出土文书，为网络小说创作提供了无尽的想象空间。

丝绸之路、蒙元“黄金家族”和中亚风土人情尽显中西方文化的交流和碰撞，一直备受西方关注。2014年，美国的Netflix（网飞）公司重新翻拍了*MARCO POLO*（《马可·波罗》）（见图5-2）电视连续剧，由《权力的游戏》的导演参与拍摄，投资高达9000万美元，陈冲、朱珠以及好莱坞其他亚裔演员担任主演。剧中以西方的视角和叙事模式，围绕着马可·波罗、忽必烈、蒙古各汗国之间的关系展开了故事叙述。这部剧是架

图5-2　*MARCO POLO*第一季-Netflix 2014

空的历史剧，顶着“史上最贵网络剧”的头衔，却没有收获到如《纸牌屋》一样的好评。剧中的马可·波罗和忽必烈是基于西方想象中异化产生的东方传奇形象，与现实有一定距离。网飞公司*MARCO POLO*因其超级豪华的服化道阵容，一经播出即引发多方热议，却终因其过于编造的历史、过于渲染暴力以及水土不服的编剧方式而遭遇失败，无论中国的还是欧美的观众都没有给予太多好评。对于东方历史剧的翻拍一直是美剧产业里的雷区。东西方文明和观念之间存在巨大的差异性，对东方传统的重塑不能仅仅依靠技术和想象来完成。

除了*MARCO POLO*之外，网飞公司还与澳大利亚ABC电视台合作拍摄过中国四大名著之一的《西游记》，这部名为*The New Legends of Monkey* Season 1（《新猴王传奇》第一季）（见图5-3）的电视连续剧于2018年在澳大利亚播出。网飞对《新猴王传奇》的投资也不少，用的是奥斯卡最佳影片《国王的演讲》的制作团队。西游记四人组，被改编成了男女组合，演员都是欧美面孔，剧情则脱胎于《西游降魔篇》和《西游伏妖篇》两部国产电影。唐僧、悟空、八戒、沙僧在剧中分别名为Tripitaka、Monkey、Pigsy、Sandy，讲述了年轻女孩（唐僧）和三位被贬下凡的神仙，救赎世界的冒险故事。唐僧成了娇俏的少女，沙僧则是一身哥特式装扮的暗黑系女性造型。网飞的这部西游记，框架和人物虽然还遵循着《西游记》原本的

图5-3　*The New Legends of Monkey*（新猴王传奇）第一季-Netflix 2018

设定，但是内容已经被改编得面目全非。“作为Netflix自己出品的改编电视剧，原著本身的文化主体立场并不被强调，而更倾向于西方审美的牵引。文化输出是让位于经济效益的，这在中国大量地被改编了的影视剧作品中普泛性呈现。”[22]这种魔幻改编的背后隐藏着巨大的中西方文化和价值冲突，由于背后有着巨大的亚洲市场和经济利益，欧美文化产业没有放弃对于传统东方题材的兴趣。2021年，网飞公司官方宣布获得了西游题材动画*The Monkey King*（《美猴王》）的流媒体发行权，将于2023年上线流媒体平台。该影片由周星驰担任监制，周培林和 Kendra Haaland担任制片人，由获得奥斯卡提名的Anthony Stacchi担任导演，使用的是全亚洲配音团队，再次试水亚洲市场，旨在打造出一部动作喜剧类型的高票房动画电影。[23]

网飞是美国流媒体巨头，拥有全球最大的收费视频网站。作为全美四大科技公司之一，网飞的市值高达1800亿美元，2019年，在其内容开发生产等核心业务上的投入达到150亿美元，预计2022年将在原创内容上投资225亿美元。网飞在20余年的变革中完成了媒体转型，网飞的发展策略从依靠技术创新驱动转向依靠内容创新驱动，以不断颠覆式的创新与积极的海外扩张为目标。网飞公司不惜血本接连打造亚洲题材电视连续剧，想要复制《鱿鱼游戏》在全球获得成功的范本，这种制作模式，利用的是中国传统文化IP形象，试图以全新的美猴王IP来复制迪士尼公司《花木兰》和梦工厂《功夫熊猫》的成功。网飞的颠覆创新模式是西方式的全球文化产业范本，其原创核心动力来源于西方式的民主制度和审美资本主义的逻辑方式。当这种西方普世价值面对东方传统式的审美和文化时，通常采取的是一种基于全球化基础之上的文化同质化策略。所谓强势文化入侵和价值观的输出无非如此。2005年，联合国教科文组织就通过了《保护和促进文化表现形式的多样性公约》，该公约明确提出“确认文化多样性是人类的一项基本特性和共同遗产”，根据该公约，在文化产业政策中确立了“文化例外”原则。“文化例外”原则是为保护本国文化不被其他强势文化侵袭而制定的一种文化产业政策。美国拒绝加入该公约组织，美国的文化产业巨头也以此为理由，拒绝受到相关国际公约的约束。

4. 文化IP赋能文创产品升级

2016年12月12日，内蒙古自治区文化厅、发展改革委、财政厅、文物局联合发布了《关于推动文化文物单位文化文物创意产品研发的实施意见》，该意见明确指出，自治区各级各类博物馆、美术馆、非物质文化遗产保护中心等单位，要利用好本地区文化、文物的各种形式资源，以研发出各类具有浓郁草原文化特色的创意产品。内蒙古博物院作为内蒙古自治区文博系统规模最大、等级最高的单位，在文创产品开发上率先做出机制改革和创意升级，接连开发出典藏复制品、文化用具、生活用品、首饰装饰、展览衍生品、地方特色产品等一系列产品，将内蒙古自治区丰富的文物典藏、传统文化、民族文化和地方文化转化为文创产品的研发源泉和创作动力。内蒙古草原文化是草原文化IP的首要内容。蒙古族的马头琴、蒙文属于具有内蒙古草原文化独特标志性的标识系统。除了成吉思汗和蒙古包之外，蓝天白云下悠扬的马头琴声一直是大众视野里对草原牧民生活的第一印象。内蒙古博物院制作了“蒙古文字体”U盘、“草原那达慕”系列U盘、马头琴系列套装笔记本，这些内容是对草原牧民生活体系内容的符号化转换。“蒙古文字体”U盘、“草原那达慕”系列U盘中，还附带存储了精美草原风光图片和精选草原民歌。文化用具类有蒙古帽签字笔、蒙古娃娃胶带、萨满服饰系列便利贴、软磁书签等。生活用品类有文物样式的“冰箱贴”，草原纹饰装饰的保温杯、陶瓷杯，民族风双面抱枕套、玉猪龙形状颈枕等。首饰装饰类则按文物原型复制出蒙古族婚庆嫁娶样式的头饰、帽子、服装等产品。创意产品包括“小宋自造香炉”拼插杯垫、“鹿首金步摇冠”LED灯、蒙古奶酪创意茶杯、色上云壶茶具、文物DIY油画等产品。

在这些文创产品类型中，“草原的礼物”系列卡通IP形象和香插摆件系列尤为亮眼。草原的礼物卡通形象，造型大方，色彩丰富，抓住了古代蒙古贵族的服饰精髓，衍生出了一系列可爱大头娃娃，既带有明显草原游牧民族的标志，又符合大众主流审美观的时尚卡通形象（见图5-4）。这些卡通形象完全具备影视生产和二次创作的水准，随时能“活起来”，并且具有独立的知识产权和品牌，可以进行再加工和创作。香插和熏香系列产品，制作非常精美，以内蒙古地区出土的国宝级文物——匈奴金王冠为模板，巧妙地改造成香插产品，保留了匈奴王冠的基本纹饰和款式，将一个古代装饰性的头饰改造成当代家居的实用器物（见图5-5）。草原部落的文化特色与中国传统熏香文化结合起来，别有一番韵味。通过旅游文创产品的创造升级，不仅加强了观众对草原文化内涵的认知，同时也实现了内蒙古文化 IP的价值增值。

图5-4　蒙古族卡通人物图案纸胶带

图5-5　匈奴王冠款式香插

内蒙古文化IP包括传统文学IP，其中包括历史文本、诗歌文本、戏曲文本、方志文本等；民间文学IP，包括史诗、口述史、民间说唱等；网络文学IP，包括网络文学文本、影视改编文本；音乐IP，包括民族音乐、流行音乐等；戏曲IP，包括京剧、地方戏、舞剧、话剧等；文创IP；非遗IP；体育IP；展会IP；影视IP；动漫IP；红色IP；等等。内蒙古地区具有非常丰富的草原文化、历史和民族资源，远远不止前面提到的这些内容，在此只是抛砖引玉，期冀引来有识之士的关注。本章的考察，仅仅试图从年代久远而庞杂的历史文化资料中，分析和剖析内蒙古的文化IP产生的基础、文化的脉络和数字化建设的方向。综上所述，长城国家文化公园内蒙古段的文化IP建设可以遵循五个方面的步骤：第一，精准定位；第二，加强内容开发；第三，发展数字产业系统；第四，发展衍生产品；第五，确立品牌意识。国家文化中的数字文化品牌建设需要创新出专属的、具有时代特色的文化IP，同时要牢固树立起品牌意识，向体系化和系统化的方向发展。借助国家文化公园的战略布局打造精品文化IP、数字产品以及数字文化品牌。

注释

① 李建军、王玉静：《基于文化 IP 赋能旅游文创产品开发研究》，《北方经贸》2021年第5期。

② 阚绪浩：《文化自信视野下中国动画电影对外传播路径探析——以〈哪吒之魔童降世〉为例》，《戏剧之家》2020年第14期。

③ 徐金龙、袁怡昕：《国产动漫对中国神话资源的转化创新——〈哪吒之魔童降世〉的神话主义解析》，《歌海》2021年第11期。

④《2021年中国游戏产业报告》，国家新闻出版署，https://www.nppa.gov.cn/nppa/contents/280/102451.shtml。

⑤《长城、大运河、长征国家文化公园建设方案》。

⑥ 文化和旅游部：《关于推动数字文化产业高质量发展的意见》。原文为

“将数字文化产业发展与长城、大运河、长征、黄河国家文化公园，与国家级战略性新兴产业集群、国家全域旅游示范区、国家文化和旅游消费示范城市、国家文化产业和旅游产业融合发展示范区、国家级夜间文旅消费集聚区、国家文化与金融合作示范区、国家级旅游度假区等发展相衔接，以市场化方式促进产业集聚，实现溢出效应”。

⑦ 文化和旅游部：《关于推动数字文化产业高质量发展的意见》。

⑧《长城保护维修山海关共识》，http://www.ncha.gov.cn/。

⑨ 刘毓庆、李蹊译注：《诗经》下，中华书局2011年版。

⑩《史记·匈奴列传》，《史记》卷一百一十，中华书局2013年版。

⑪《史记·匈奴列传》，《史记》卷一百一十，中华书局2013年版。

⑫《史记·蒙恬列传》，《史记》卷八十八，中华书局2013年版。

⑬《木兰辞》，《乐府诗集》，中华书局1979年版。

⑭《木兰辞》，《乐府诗集》，中华书局1979年版。

⑮《北史·蠕蠕传》，《北史》卷十四，中华书局1974年版。

⑯《胡笳十八拍》，《楚辞集注·后语》，上海古籍出版社1979年版。

⑰《胡笳十八拍》，《楚辞集注·后语》，上海古籍出版社1979年版。

⑱ 薛正昌：《耶律楚材〈西游录〉与草原丝绸之路》，《石河子大学学报（哲学社会科学版）》2020年第1期。

⑲ 董耀会：《临洮长城国家文化公园与扶贫及经济发展关系的思考》，《河北地质大学学报》2020年第5期。

⑳ 马丽侠：《内蒙古17个项目入选第五批国家级非遗名录》，《北方新报》2021年7月28日。

㉑《风口上的马伯庸》，https://m.thepaper.cn/baijiahao_17936142。

㉒ 丁磊：《从Netflix版〈新美猴王传奇〉看海外改编剧的中国文化折扣和输出策略》,《电视研究》2021年第5期。

㉓ https://baijiahao.baidu.com/s?id=1700333184819628980&wfr=spider&for=pc。

第六章

CHAPTER 06

长城国家文化公园内蒙古段建设模式

自《长城、大运河、长征国家文化公园建设方案》提出以来，内蒙古牢牢抓住国家文化公园这一顶层设计理念，在长城国家文化公园和黄河国家文化公园各项目的推进和实施中，实施了一系列重大举措，不断实现自治区产业布局调整和文旅业态的升级。此前，农林牧产业和矿产能源业一直是内蒙古自治区经济发展的核心，这一情况在“十四五”期间，将随着国家文化公园建设和系列政策的出台而发生改变。内蒙古建设国家文化公园的举措主要有以下几方面：第一，机构设置和管理调整；第二，加快推进国家文化公园文化产业与旅游产业的环境配套、产业融合方面的工作进度；第三，对于长城以及黄河国家文化公园的各类文化资源展开深入挖掘和研究，加大宣传力度，让国家文化公园理念深入人心；第四，加强地区性战略间的统筹规划和调整，将西部大开发、乡村振兴等战略融合到国家文化公园的建设中来；第五，拓展新思路，探索建立科学高效的国家文化公园投融资体系，保障国家文化公园的高质量建设和完成。内蒙古作为西部省区，地位特殊，通过这五个步骤来逐步推进国家文化公园建设。

2018年3月，国务院机构改革，设立了文化和旅游部，迈出了文化旅游融合的第一步。随即，内蒙古自治区成立了文化和旅游厅，负责文化、旅游及相关产业的综合管理工作。按照部署，2019年，内蒙古自治区文旅厅设置了国家文化公园建设项目专班人员，各盟市也委派专人管理，展开了内蒙古国家文化公园管理体制机制的建设工作。旅游作为中国文化输出的重要环节，在全球有一定影响力。以往的长城旅游宣传中，将北京段明长城作为重点，忽略了其他省区、其他年代的长城段落，这一做法导致北京的长城保护、建设、宣传和长城国家文化公园的建设等情况远远好于其他省区。虽然这是一种发展的不平衡状态，但是长城北京段的这些宝贵的先进经验值得其他省区借鉴和参考。文化与旅游不“分家”，扩大文化产业的影响力、实现文化的动能，离不开对旅游资源的大力开发。在国家“十四五”规划纲要中，中央明确提出，要进一步健全公共文化服务体系和文化产业体系，不断丰富人民精神文化生活，提升中华文化影响力，从而使中华民族凝聚力进一步增强。以国家文化公园建设为传承弘扬中华优秀传统文化的战略，重点要“建设长城、大运河、长征、黄河等国家文化公园，加强世界文化遗产、文物保护单位、考古遗址公园、历史文化名城名镇名村保护”[①]。

内蒙古自治区不但地处北疆，而且兼具多重身份，是西部省区、少数民族众多的省区、边疆省区、旅游大省、非遗大省、考古遗址大省。在长城沿线省区中，内蒙古的特点在于综合优势。明长城内蒙古段的保存状况不如北京、河北段，但是秦长城内蒙古段的状态最为完善。因此，内蒙古选取秦长城和明长城特色点段作为长城国家文化公园的重点建设项目。内蒙古自治区不但是草原文化的代表，也是我国五个少数民族自治区之一。在自治区中，内蒙古自治区的经济条件和产业优势最为明显。以2021年人均GDP数据为例，五个自治区中，内蒙古居于首位。全国人均GDP排名依次为：内蒙古第13位，宁夏第23位，新疆第24位，西藏第27位，广西第32位。内蒙古的明显优势与该区的文旅融合战略、西部大开发战略、乡村振兴战略、“一带一路”建设、沿黄经济带战略等建设项目息息相关。内蒙古自治区肩负起了长城国家文化公园与黄河国家文化公园两个项目的建设责任，若能好好把握住建设国家文化公园的契机，实现地区文化产业的升级以及推动全产业链的发展，那么内蒙古国家文化公园的建设模式或许可以作为西部乃至其余边疆省区文化发展战略和文旅融合发展方式、脱贫攻坚走上富裕之路的一个先进模板。这也是本书选取内蒙古自治区作为长城国家文化公园特定研究对象的初衷。

一、加强政府引导，统筹推进，分步骤贯彻落实

内蒙古地区地域辽阔，自然资源与人文资源丰厚，但也存在重点不突出、分布过于分散等问题。要抓住建设国家文化公园的有利时机，按照中央的统一部署，统筹规划、贯彻落实，充分发挥草原文化聚能效应，以点带面，实现内蒙古自治区文化产业的业态升级。

1. “十三五”期间进入快速发展阶段，打下坚实基础

“十三五”期间内蒙古逐步加快文旅融合步伐，为第三产业及文化产业升级奠定了基础。2018年至2020年，内蒙古一般公共预算支出中，文化旅游教育与传媒这一项的投入呈持续上升态势，以电影和广播电视方面的表现较为突出（见表6-1）。

表6-1　内蒙古自治区（文化旅游体育与传媒）一般公共预算支出[②]

项目	2018年	2019年	2020年
一般公共预算支出-文化旅游体育与传媒（万元）	1092702	1193392	1236412
一般公共预算支出-文化旅游体育与传媒-文化与旅游（万元）	342414	548289	576227
一般公共预算支出-文化旅游体育与传媒-文物（万元）	148132	117046	127262
一般公共预算支出-文化旅游体育与传媒-体育（万元）	149880	159441	119431
一般公共预算支出-文化旅游体育与传媒-新闻出版广播影视（万元）	340502	—	—
一般公共预算支出-文化旅游体育与传媒-其他（万元）	111774	66986	88587
一般公共预算支出-文化旅游体育与传媒-新闻出版电影（万元）	—	61390	63281
一般公共预算支出-文化旅游体育与传媒-广播电视（万元）	—	240240	261624

2019年，内蒙古接待国内外游客19512万人次，同比增长10.05%。旅游业综合收入4651.49亿元，占GDP总量的27.02%，占比较2018年上升3.82%。旅游业对内蒙古经济增长起到显著的拉动作用。随着国家文旅

大融合的步伐，内蒙古的旅游指标呈增长态势，旅游总收入由2018年的4011.37亿元增长至2019年的4651.49亿元，增长态势良好（见表6-2）。

表6-2　内蒙古自治区2018—2020年旅游统计表

项目	2018年	2019年	2020年
旅行社总数（个）	1156	1143	1202
旅行社总数-组团社（个）	95	91	—
旅行社总数-边境社（个）	52	49	49
旅行社总数-旅行社分社（个）	214	294	251
旅行社职工人数（人）	6204	6391	5354
星级宾馆个数（个）	298	299	235
旅游接待人数（万人次）	13044	19512	12503
入境旅游人数（人次）	1880752	1958311	86833
入境旅游人数-外国人（人次）	1788154	1865551	81879
入境旅游人数-港澳同胞（人次）	61328	61506	4249
入境旅游人数-台湾同胞（人次）	31270	31254	705
旅行社组织出境旅游总人数（人次）	153518	160293	—
国内旅游人数（万人次）	12856	19317	12494
旅游总收入（亿元）	4011.37	4651.49	2406.00
旅游总收入-国际旅游外汇收入（万美元）	127210	134009	3401
旅游总收入-国内旅游收入（万元）	39240132	45585163	24040647
旅游总收入-国内旅游人均花费（元）	908	917	810

然而受新冠肺炎疫情影响，2020年内蒙古旅游收入呈断崖式下跌，为2406.00亿元，仅为上一年总收入的一半左右。当然，新冠肺炎疫情带来的并不是某一个国家和地区的问题，在全球性的大灾难面前，只能尽快找到自身短板，做好自身建设，弥补不足，迎接下一次旅游高峰期的到来。 作为自治区首府的呼和浩特市，2018年国内旅游总收入达到886.93亿元，2019年增长至935.80亿元。同样受到新冠肺炎疫情影响，2020年跌至

408.74亿元。2020年内蒙古人均GDP全国排名第11位，仅次于山东，GDP总产值达到17360亿元。

表6-3　呼和浩特市2018—2020年旅游统计表

项目	2018年	2019年	2020年
国内旅游人数（万人次）	2236.62	3194.87	1820.36
国内旅游收入（亿元）	886.93	935.80	408.74
旅行社数（个）	279	275	297

研究表明，内蒙古地区旅游产业和文化产业长期处于发展不平衡状态。2008年，“内蒙古旅游产业与文化产业耦合程度为极度失调，文化产业发展水平高于旅游产业，故同步性类型为旅游滞后型”，“2008年至2014年为旅游滞后型，中间2010年出现了同步发展型，其后2015年至2017年，旅游产业发展迅速，同步类型呈现出文化滞后型。”[③]究其原因，受到以往草原旅游模式的季节性、单一性和局限性制约，旅游业态的表层价值已经被耗尽。事实证明，内蒙古旅游的可持续性发展需要深度旅游，即朝着“文化+旅游”模式拓展、“数字+旅游”方向发展。在经济层面上，“十三五”期间，内蒙古是全国经济发展较快的自治区之一，以呼包鄂经济圈最为亮眼，属于京津冀协同发展的辐射圈内，号称内蒙古“金三角”。2018年2月，国务院批复《呼包鄂榆城市群规划》，规划方案的实施标志着呼包鄂区域协同发展战略正式上升到国家战略层面。

同时，内蒙古自治区也在加快推进旅游与文化的融合，围绕草原风情、历史文化和民族民俗实施“旅游+文化”工程。“十三五”期间，重点文旅项目包括：赤峰市巴林右旗格斯尔文化创意产业示范基地项目、内蒙古呼和浩特市清水河县黄河大峡谷（老牛湾）旅游区建设项目、锡林郭勒乌兰牧骑文化中心、锡林郭勒盟蓝旗元上都国际文化交流中心建设项目、清水河县丝路旅蒙（云商）特色小镇建设项目等一批项目。除此之外，还包括：建成五原抗日战争纪念馆及城川、桃力民等红色文化教育基地；建成乌兰牧骑宫、内蒙古自然博物馆、内蒙古冰上运动训练中心等一批图书馆、文化馆、博物馆、体育馆、基层文化站。自治区超额完成“十三五”社会足球场建设任务，实施了武安州辽塔、阿尔寨石窟等重点文物保护修缮工程，建成呼和浩特国家级互联网骨干直联点，全区5G基站突破10000个。不仅如此，还设立了乌兰察布市集宁区巴音锡勒草原生态旅游扶贫项目等。从“十三五”期间内蒙古自治区旅游业发展情况来看，内蒙古的旅游资源主要集中在草原、古迹、沙漠、湖泊、森林、民俗六点上，整体布局围绕这六个点展开。重点项目包括：森林景观（主要分布在大兴安岭），民俗游（以蒙古族歌舞为主），蒙古族“三艺”——赛马、摔跤、射箭，那达慕，等等。名胜古迹包括呼和浩特市的五塔寺、大召寺、昭君墓、席力图召、乌素图召、白塔，包头市的五当召、美岱召，伊金霍洛旗的成吉思汗陵园，二连浩特市的二连盆地白垩纪恐龙国家地质公园，阿拉善左旗的延福寺，赤峰市的辽上京、辽中京、大明塔，鄂伦春自治旗的嘎仙洞，等等。

此外，“十三五”时期，内蒙古还成功创建了3个国家级全域旅游示范区，分别是满洲里市、鄂尔多斯市康巴什区和二连浩特市；15个自治区级全域旅游示范区，包括克什克腾旗、阿尔山市等地；累计创建3A级以上景区113家，其中5A级景区6家，105个特色旅游小镇；有24个村（嘎查）被评为全国乡村旅游重点村（嘎查）；打造116条春季游、自驾游、乡村游、红色游、马文化游、研学游等精品文旅线路。“十三五”期间的建设成果还是比较丰富的，以宏观政策层面和基础设施为主。“十三五”期间，内蒙古的文化与旅游事业为有序发展阶段，基础设施、交通路网以及文化文物的建设、修复工程也在逐步推进中。在文化与旅游方面，内蒙古地区表现出以下几个特点。

第一，古建筑和古迹游览以明清建筑群为重点，其他历史时期特色不突出。例如呼和浩特市的大召寺、五塔寺、和硕恪靖公主府，包头市的五当召、美岱召，阿拉善左旗的延福寺都为清代建筑，突出了藏传佛教寺院和藏传佛教在内蒙古地区传播的特点。辽金文化和契丹文化的文旅项目仅分布在东南部地区，呼和浩特和包头等地没有体现出相关建设。

第二，以著名历史人物为主线的文化旅游项目。昭君文化、成吉思汗文化、阿拉坦汗文化是内蒙古旅游的主要文旅线路。呼和浩特的昭君墓，为汉代遗址，距今已有2000余年，是中国最大的汉墓之一。昭君墓为王昭君衣冠冢，又名“青冢”。鄂尔多斯伊金霍洛旗的成吉思汗陵为衣冠冢，移建于1954年，是著名的旅游景点。

第三，热点分散，缺乏联动，衔接不流畅。内蒙古旅游的热点较为分散，中部、东部、北部和西部各景区之间交通不顺畅，旅游资源之间的衔接不流畅，容易造成文化表现和对文化的理解断层化、异质化倾向，因而存在旅游重心不突出的问题。例如赤峰主打辽金文化旅游，而赤峰的遗址种类很多，有辽上京遗址、辽中京遗址、辽代大明塔、红山文化遗址等，位置都比较分散，遗址之间的接驳交通不便利。鄂伦春自治旗的嘎仙洞，留有北魏皇帝祭祀的祭文碑刻，非常珍贵，是古代拓跋鲜卑族的发源地。嘎仙洞与当地的森林资源相结合，建成嘎仙洞森林公园。二连浩特市的白垩纪恐龙国家地质公园以古动物化石等自然旅游为主。清水河县的老牛湾大峡谷旅游区主打的是黄河自然形态观光旅游。各旗市地区文化与旅游各自为政，没有形成联动，缺乏内部的互动机制和横向发展模式。

总体而言，“十三五”期间，内蒙古自治区文化旅游业态表现良好，为“十四五”开局之年打下了坚实的基础。内蒙古文化旅游事业，总体上呈上升态势，但文化宣传的内容和层次仍较为薄弱，导致内蒙古自治区的文化旅游呈现出以明清文化为主打的特点，忽略了游牧文化和边塞文化的悠久历史，未突出内蒙古地区民族融合、文明交流互鉴的重要历史作用。内蒙古地区的历史和文化资源远远超乎人们的想象，从早期人类遗址，一直到游牧民族的青铜文化之旅，再到草原丝路上的辉煌历程，甚至拥有漫长历史的长城遗址，这些内容都没有在旅游线路规划和设计中体现出来。

在笔者的调查中，民众对于长城内蒙古段的了解异常匮乏，对于长城的具体方位、修建朝代、保存现状、相关人物和事件都知之甚少。汉族群众与少数民族群众对彼此之间的历史文化交往和融合过程并不清楚，对长城内蒙古段蕴含的相关文化概念和意义非常模糊。内蒙古自治区的文化旅游主打明清文化、藏传佛教文化，忽略了中华文化主要脉络之一是由草原多民族思想、文化交汇碰撞而形成的这一史实，致使草原文化的强大动能没有得到充分重视，未被完全开发出来，这一点尤为可惜。

2. 加快文旅融合步伐、建设国家文化公园为“十四五”阶段之重心

内蒙古旅游受季节性、基础设施、交通路网、旅游线路、重点分散、文化内容、软硬件设施、创意产业、各盟市协同发展趋势不明显、投融资渠道不畅通等各方面影响，仍存在一定的短板。游客对于内蒙古旅游仅仅停留在草原文化的表层体验上，因此造成旅游时间短、经济效益较小的弱点。随着文旅融合的升级，内蒙古也进入加快发展旅游产业的进程中。其中值得一提的是，自治区自2015 年起实行的“厕所革命”。这场厕所革命是自上而下的全社会行动，从公共设施到牧民家庭改造，全方位推进厕所升级改造。厕所不是小事情，具有现代化、先进设备、智能化的厕所反映出的是一个社会的文明程度。通过厕所革命，草原牧民家庭卫生设施和公共卫生状况都得到了彻底的改善。以往草原旅游大多是旱厕，非常简陋、原始，与现代化生态草原环境建设目标有较大差距。厕所革命之后，旱厕被改造成具有现代化设施的多功能公共卫生设施，大大提升了旅游的质量、改善了环境卫生状况，也提高了游客的个人体验。例如，呼和浩特的“青城驿站”项目，在呼和浩特各区县建成了木制的特色公共休息区，功能设备十分齐全，包含公共卫生间、报纸阅览室、充电区等区域，提供供

暖、供水和供电服务，为游客和人们的出行提供了便利条件。

在“十三五”规划中，内蒙古的长城及相关资源并不在文化与旅游业关注的重点之列，仅表现为文物和考古部门的测量、发掘和修复等内容。“十四五”阶段，内蒙古大力推进国家文化公园项目，以建设长城、黄河国家文化公园为契机，大力发展草原文化和深度旅游。2022年，内蒙古卫视推出一档全新的文化类综艺节目《长城长》，以综艺答题、文化解析为主要形式。《长城长》自2月开播后已在内蒙古卫视播出3期，收视率表现很亮眼，网传指数达到39.63，位列同时段全国第五，再创内蒙古卫视收视率最高纪录。2022年3月，《长城长》作为国内首档长城文化综艺节目，被国家广播电视总局列入2022年广播电视重点节目“赓续中华魂”主题名单。4月，《长城长》蒙古语精品译制版正式对外发布，面向全球蒙古语观众，助力于中华文化输出的大业。

《长城、大运河、长征国家文化公园建设方案》明确提出了国家文化公园分步骤、阶段性的建设目标，有3个明确的时间节点。“一是到2021年底，长城国家文化公园管理机制初步建立，规划明确的重点任务、重大工程、重要项目初步落实，长城国家文化公园重点建设区建设任务基本完成。二是到2023年底，长城国家文化公园建设任务基本完成，长城沿线文物和文化资源保护传承利用协调推进局面初步形成，权责明确、运营高效、监督规范的管理模式初具雏形，形成一批可复制推广的成果经验，为全面推进国家文化公园建设创造良好条件。三是到2035年，长城国家文化公园全面建成，符合新时代要求的长城保护传承利用体系全面建立。”④《长城国家文化公园建设保护规划（2020—2023）》中，专门解释了管控保护区、传统利用区、主题展示区、文旅融合区四个区域的职责、权限、功能和范围等方面内容（见图6-1）。

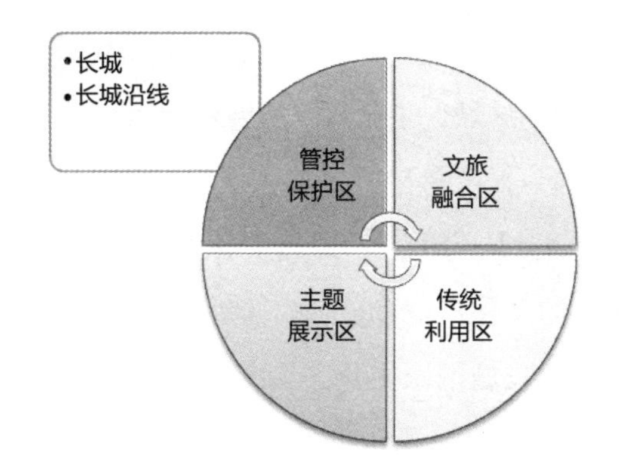

图6-1　内蒙古长城国家文化公园建设区域分布图

第一，管控保护区。管控保护区明确由长城文物保护单位保护范围、世界文化遗产区及新发现发掘文物遗存临时保护区组成。长城具体点段、线路和文保范围按照国家《长城保护总体规划》内容和各省（区、市）政府公布的长城保护规划规定的保护范围和建设控制区域来执行。“长城文物保护单位属世界文化遗产范围的长城点段，其保护范围、建设控制地带划定应与世界文化遗产的遗产区、缓冲区相衔接。”管控保护区针对文物本体及环境实施严格保护和管控措施，对濒危文物实施封闭管理。

第二，传统利用区。传统利用区有一定的选择要求，要在长城沿线城镇中，选择一批具有“浓郁长城特色、具备历史文化价值的民居建筑、历史文化街区、重要关堡城镇及长城村落等传统生活区域”作为长城国家文化公园的组成部分。区域内清理和消化掉与长城国家文化公园无关的项目设施和内容，发掘活化长城非物质文化遗产，发展文化旅游和特色生态产业，促进长城优秀传统文化的社区传承。

第三，主题展示区。主题展示区包括三种形态，按与长城遗址的关联度，由内至外，依次外化。一是核心展示园，须为全国重点文物保护单位，是参观游览和文化体验的主体区。二是集中展示带，以相应的省、市、县级文物资源为分支，以核心展示园为基点汇集形成文化载体密集地带，形成集遗产保护、环境美化、文化传承、产业发展等于一体的复合型长城文化遗产廊道。三是特色展示点。可满足分众化游览体验，具有特殊文化意义和体验价值的区域，是最外围的展示空间。

第四，文旅融合区。文旅融合区以主题展示区为基础，以利用长城文物和文化资源的外溢效应为重点，通过文化和旅游融合，延长产业链。建立文旅深度融合的文化产业和旅游产业集聚区，要立足主题展示区的规划建设，妥善处理长城国家文化公园与沿线自然保护区、地质公园、森林公园等自然保护地空间规划边界，重点推进建设文旅深度融合发展示范区。⑤

长城国家文化公园具有统一的整体规划文本，方案严格、规范，明确了长城国家文化公园建设的规划背景、总体要求、总体空间格局，并分别就主体功能区和关键工程，全面进行了规划部署。包含制度建设、加强组织领导、健全相关法规、完善政策、加强规划衔接、鼓励社会参与、强化督促落实等方面内容，对各级部门的职责有明确的要求。因此，长城国家文化公园建设首先需要政府引导，全面进行规划部署，形成层次清晰、重点突出的建设保护格局，以结构调整、机构设置、法律法规、政策制度、规划落实等方面为主导，推动业态转型升级，以技术创新、品牌创新和文化创新为动力，拉动内蒙古地区文化旅游消费，从而带动地区文化产业升级。⑥

二、以重点项目和优势项目为中心，充分发挥长城国家文化公园的聚能效应

内蒙古对于长城的宣传力度远远不够，同区域内黄河的知名度远超过长城。内蒙古长城的特色、资源、历史、文化都隐没在草原文化漫长的历史中，这也就意味着，内蒙古自治区自身对区内长城的理解和关注刚刚开始。而“十四五”阶段长城国家文化公园的建设为内蒙古长城的传承和保

护开启了新的历史篇章，长城内蒙古段依附着长城国家文化公园的建设而重新焕发出生机与活力。

前面提到，对于内蒙古旅游的整体资源和现实状况而言，目前存在着如文化断层、热点分散等一系列问题。在以往内蒙古旅游目的地和路线规划中，长城一直是隐匿着的、消失不见的。长城横跨内蒙古自治区，自西向东足足绵延了7000多千米，长城所在的区域覆盖了内蒙古赤峰、呼和浩特、包头甚至阿拉善沙漠。这么一条绵长的文化带，足以串起中国任何一个朝代的历史。这不但是发展旅游等产业的需要，更是古老长城文化承袭所要求的。从长城出发，可以抵达草原丝绸之路的驿站；沿着长城，可以走到富饶的河套地区；从长城与秦直道的交叉点，可以快速高效地越过山脉直插中原腹地，古代长城构成了边塞地区的交通路网。

长城对于内蒙古的文化意义和价值更为重大。2014年9月28日，习近平总书记在中央民族工作会议上指出，多民族是我国的一大特色，也是我国发展的一大有利因素。在我国五千多年文明发展史上，曾经有许多民族登上过历史舞台。这些民族经过诞育、分化、交融，最终形成了今天的五十六个民族。各民族共同开发了祖国的锦绣河山、广袤疆域，共同创造了悠久的中国历史、灿烂的中华文化。秦汉雄风、盛唐气象、康乾盛世，是各民族共同铸就的辉煌。习近平总书记还强调，我们讲中华民族多元一体格局，一体包含多元，多元组成一体，一体离不开多元，多元也离不开一体，一体是主线和方向，多元是要素和动力，两者辩证统一。中华民族和各民族的关系，形象地说，是一个大家庭和家庭成员的关系，各民族的关系是一个大家庭里不同成员的关系。[⑦]在几千年的历史中，长城早已不是军事防御工程，而是中华多民族大家庭里共同的坚挺脊梁和血脉纽带。历经岁月洗礼，长城造就了独特的历史景观，熔铸着中华民族勤劳勇敢、自强不息的奋斗精神，积淀了中华民族博大精深、灿烂辉煌的历史文化内涵。内蒙古地区的文化特点，不是单一少数民族所创造出来的，草原文化是游牧文明和农耕文明的交汇点，400毫米降水线决定的只是耕种方式和生活方式上的差异，长城内外本是一家。从内蒙古地区的考古发掘和历史文化遗迹中不难看出，中国北方的草原文化是以欧亚大陆板块、蒙古高原为中心形成的区域文化、草原文化与黄河文化、长江文化不断碰撞、交流和互融后共同构成了中国文化大脉络。草原文化是中国文化的主要源头之一，草原文化与中原文化同宗同源，密不可分。

而当代草原文化指的是包含游牧文化、农耕文化和现代工业文化的整合形态，因此具备多元性、复合性、生态性、移动性等特征，具有重大的历史意义和现实意义。长城在失去其作为军事意义的历史阶段里仍然存在了几百年，证明长城的作用早已超出了防御和对抗的初始意义，已成为一种联系和纽带。这恰恰是长城国家文化公园顶层设计的初衷。

1. 以长城保护为首要原则，开展长城资源调研，壮大保护力量

内蒙古长城国家文化公园建设，始终以长城保护作为核心，将古长城的维护、修缮、宣传、传承放在首位，旨在避免对长城不可再生文物、文化资源的过度开发和浪费，减少不必要的损失。内蒙古自治区境内长城历经9个历史时期11个政权，总长度达7570千米，占全国长城长度的三分之一，因而形成了北方独具特色的长城历史文化带。长城资源调查与研究工作是长城保护、管理等各项工作的基础。自1952年起，国家就对北京的居庸关、八达岭及河北的山海关等长城重要点段陆续开展了调查和保护工作。1956年实施的首次全国文物普查中，北京、河北、甘肃、宁夏等地将明长城作为调查重点。1979—1984年，结合第二次全国文物普查，各地对重要区域的春秋战国长城、秦汉长城、明长城和金界壕等遗址进行调查，出版了《中国长城遗迹调查报告集》，推动大众对我国长城资源的进一步认识和了解。2006年，经国务院同意，国家文物局组织长城沿线各地开展了新中国成立以来最为全面、系统的长城资源调查工作。多年来，国内

相关科研机构、社会团体和民间组织以及相关专业人士也陆续开展了多种形式的长城资源调查、勘测和研究工作，并取得了丰硕成果。2006年，国家文物局会同国家测绘局组成长城资源调查领导小组，长城沿线各省（自治区、直辖市）建立省级领导机构。来自文物、测绘行业的361个专业机构、1295名专业技术人员组成调查队，共历时4年，行程数十万千米，实地调查面积超过4万平方千米，涉及全国16个省（自治区、直辖市）以及445个县（市、区），终于在2010年12月完成对我国各时代长城资源的田野调查，形成了一套完整的长城地图，并以此建立了长城数据库。长城资源调查以县级行政区域为单元，调查范围以明长城、秦汉长城主线为重点，同时兼顾其他资源，调查对象主要涵盖了长城的墙体、敌楼、壕堑、关隘、城堡以及烽火台等相关历史遗存。长城资源调查制定了统一的调查技术规范，采用了遥感影像、地理信息、三维扫描、数字摄影测量等多项现代技术，进行科学、精确的长城长度量测，获取了大量的文字、照片、录像以及测绘数据等长城保护第一手资料，系统、翔实地记录了我国长城资源保存状况，形成较为全面、丰富的长城资源调查记录档案。2012年，国家文物局完成了长城资源认定工作并发布认定结论。认定工作基于各省（自治区、直辖市）资源调查成果和已有的研究基础，并根据相关专业机构和专家意见，将春秋战国至明等各时代修筑的长城墙体、敌楼、壕堑、关隘、城堡以及烽火台等相关历史遗存认定为长城资源，将其他具备长城特征的文化遗产纳入《长城保护条例》的保护范畴。这些是长城国家文化公园的先决条件和建设基础。

2019年12月，内蒙古正式启动长城国家文化公园建设工作，成立了内蒙古长城国家文化公园建设领导小组。2020年4月，内蒙古自治区文化和旅游厅发布了《关于对内蒙古自治区政协第十二届三次会议第0270号提案的答复》，答复中特别指出，目前正在进行内蒙古长城沿线文物、旅游、非遗等文化资源普查。“内蒙古地区的长城国家文化公园的建设，要深入贯彻落实习近平总书记关于发掘好、利用好丰富文物和文化资源，让文物说话、让历史说话、让文化说话等一系列重要指示精神，全面贯彻新发展理念，加强顶层设计。要以新发展理念为指导，同时要始终将新发展理念贯穿其中。”[⑧]

内蒙古改革思路，采用新方式和方法推进长城的宣传和保护工作，包括保护、修缮、巡护、监控、考古调查、理论研讨、学术交流等内容。自治区政府与各盟市签订了《长城保护工作责任状》；向全社会公布区内长城墙体、关堡等10000多处长城遗存及位置，明确保护责任和范围，落实到位；创新长城保护执法巡查模式，组建了长城保护队，为全区长城沿线103个旗（县、市、区）配备了无人机巡检设备；在内蒙古自治区文化和旅游厅工作部署下，全区12个盟市建立了“长城四有”档案，即设置长城专门保护管理机构和人员，建立长城记录档案，树立长城保护标识，规定长城保护范围和建设控制地带等。截至目前，内蒙古自治区已经建立起比较完善的长城保护管理制度，形成较为完善的体系，全区长城保护法治建设得到加强，保护状况明显改善。内蒙古长城调研起步稍晚，但后来居上，成果丰富，充分彰显出国家和自治区政府对古老长城保护传承的决心和力度。

通过详细的调查和研究，内蒙古发掘出一系列古长城遗址，包括墙垛、城墙、地基、村落、墓葬等古代各时期遗迹。①修筑于太和年间的北魏长城是中国历史上第一次由北方民族修筑的长城，在今乌兰察布市四子王旗、包头市达茂旗和呼和浩特市武川县都有分布。②北宋丰州城及丰州长城是今天内蒙古境内唯一发现的北宋长城遗存。③西夏长城则集中发现于阿拉善北部三个旗，目前共调查登记西夏时期烽火台32座，障城26座，居住址1座，即额济纳旗黑城遗址。④金界壕即金代长城，在内蒙古长城中数量最多、分布最广，墙体总长3603千米，占全国金界壕总长度的88%，占据主体地位。⑤明长城主要分布于呼和浩特市、乌兰察布市、鄂尔多斯市、乌海市和阿拉善盟，全长712千米，从保存现状、分布长度及现存种类等方面来看，其精华部分在清水河县境内，总长155千米。清水河县长城资源具有十分重要的历史意义和文化价值。2020年11月，清水河板申沟段、小元峁段和老牛湾段明长城被国家文物局公布为第一批国家级重要点段。正是基于这些实地考察、调研，国家文物局才能确认各地区、各段长城的历史及其脉络，这些工作是长城国家文化公园的建设基础，也是立根之本。

内蒙古采取了许多新举措保护长城、建设长城国家文化公园，如明确保护范围、创新保护模式。基于这些现状，对于内蒙古长城国家文化公园涉及的修复和重建等工作，应该更有针对性，采取适当的措施，在可能修复的地方进行重点恢复，对于条件不允许的地方，就不宜浪费资源进行修复和重建。没有原图纸和确实依据的、用当代技术取代传统工艺的方法和手段，那种所谓的重建和修复就等于造假和作伪，从而失去了对文物和历史的尊重，也背离了建设国家文化公园的初衷和出发点，实不可取。

2. 整合区内优势资源，突出重点项目建设

自2019年起，内蒙古自治区持续推进国家文化公园建设，陆续出台了《长城国家文化公园（内蒙古自治区）建设保护规划纲要》《内蒙古自治区2022年坚持稳中求进推动产业高质量发展政策清单》等相关文件，全力推进各项目建设进度，力求高质量建设长城国家文化公园。内蒙古长城国家文化公园建设模式的第一个特点，是以呼和浩特市新城区坡根底秦长城、呼和浩特市清水河县明长城、包头市固阳县秦长城3个项目为核心，覆盖周边区域，采用层级管理和建设模式，以突出展现内蒙古地区宏伟秦长城和特色明长城的点段优势为目标。内蒙古也集中了全区优势资源，拉动国家文化公园体系建设。因此，内蒙古长城国家文化公园建设模式的第二个特点，即以重大项目、重点城市、重要线路为主的“三重”原则。对

于地处中西部、经济发展水平不高的地区，这样的做法能确保重点突出、优势互补且成效显著。

2021年8月，内蒙古自治区文化和旅游厅召开全区长城国家文化公园建设工作推进会，会议要求各盟市提高思想认识，增强行动自觉，畅通沟通渠道，加快推进长城国家文化公园建设，确保2021年规划部署的重点任务、重大工程、重要项目初步落实完成。内蒙古长城国家文化公园的建设严格遵循相关原则进行。建设国家文化公园应基本遵循以下五点原则：一是保护优先，强化传承。二是文化引领，彰显特色。三是总体设计，统筹规划。四是积极稳妥，改革创新。五是因地制宜，分类指导。此次项目推进会是一个务实会，会议强调各盟市要提高政治站位，积极行动，统筹推进，明确各自的责任。会议强调了2021年重点项目为3个，“全力以赴推进项目进度，已经列入国家层面的呼和浩特市新城区坡根底秦长城、呼和浩特市清水河县明长城、包头市固阳县秦长城3个项目要加大建设力度，细化分工，明确时间表、路线图，形成阶段性成果，争取建成第一批标志性工程项目”。另有9个长城国家文化公园项目也同期纳入国家发改委“十四五”文化项目库，“要与发改、文旅、土地、财政等部门对接，积极谋划实施”。内蒙古自治区始终把保护长城放在第一位，在宣传方面也要凸显长城的重要性，扩大影响，提高长城文化传承活力。为确保项目按期完成，“各盟市要切实承担重任，精准把握方向定位，形成工作合力，加大资金投入，探索引导社会资本参与的多元化投融资机制”⑨。

内蒙古自治区对于长城国家文化公园的建设并非停留在规划层面，一系列的配套建设资金目前也已经落实到位。在2022年第一批中央预算内投资计划中，固阳秦长城国家文化公园建设项目获批8000万元，同时2022年自治区还计划安排1亿元资金，支持重点旅游休闲城市、长城和黄河国家文化公园、品牌旅游景区等重大项目建设。目前，仅针对长城国家文化公园小元峁段一项的总投资额度就超过了1亿元。这对于遭受新冠肺炎疫情重创的西部省区而言，已经是一笔相当可观的财政数字。长城国家文化公园的远期规划共建设1个总体管控保护区、8个主题展示区、50个文旅融合区、24个传统利用区。围绕长城主题，开展采风宣传活动，组织拍摄长城纪录片、宣传片、摄影展，举办文艺创作活动，征集长城主题歌曲、非遗作品创作等，组织出版有关长城方面的书籍。这些举措正在稳步、高效地推进着自治区长城保护和长城国家文化公园建设工作。

3. 加大宣传力度，开辟新的旅游线路

内蒙古自治区坚持以习近平新时代中国特色社会主义思想为指导，紧紧围绕“民族文化强区”和“国内外知名旅游目的地”建设目标，全面落实党中央关于文旅融合、文物保护、国家文化公园建设、文化数字化建设等各项决策部署，扎实推动文化和旅游高质量发展，不断满足人民群众美好生活需要。

（1）长城宣传工作

内蒙古自治区抓住“以文促旅、以旅彰文”的理念，为配合长城国家文化公园建设，各地积极开展各类宣传展示活动，挖掘长城旅游资源，营造保护传承长城文化的良好氛围。内蒙古自治区计划拍摄一部长城宣传片、一部长城纪录片，并举办长城风貌图片展览，全方位、多角度地为长城国家文化公园扩大社会认知度营造良好氛围。

（2）旅游线路及配套服务

为推动长城与旅游有效融合，内蒙古自治区计划以呼和浩特市新城区坡根底秦汉长城为试点，串连起万部华严经塔、昭君墓、武川县北魏皇家祭天遗址等景点，打造全新的一日游环线，在省会试点运行长城主题的观光旅游新线路。在旅游重点工作方面，除了打造长城等精品旅游线路外，呼和浩特市还将建设北部敕勒川草原景观文化旅游带、南部黄河景观文化旅游带，丰富文化旅游产品业态，深化“文旅+”融合发展，完善城市旅

游服务功能，具体举措包括：①按照国家级旅游度假区标准、国家5A级旅游景区标准对敕勒川草原及周边区域进行规划设计、建设和运营。②2022年底完成老牛湾黄河国家文化公园的规划编制工作，启动实施黄河文化系统保护工程，全面开展黄河流域文物资源系统调查和黄河聚落遗址考古研究工作。③高标准规划建设一批现代都市农业示范园区和田园综合体。④发展红色旅游和乡村旅游。⑤发展登山、户外、健步、骑行、滑翔伞、热气球、马术、赛马及青少年体育素质拓展、培训等项目。内蒙古因其独有的“草原文化”“马文化”等特色文化项目，每年都有国内外游客慕名前来，因此，改善奥威马文化生态旅游区的品质，推进飞行小镇，发展空中游览线路建设也是旅游产业的重点发展对象。

内蒙古自治区还以“厕所革命”为契机，持续推进边境和贫困地区公共服务体系建设，积极推动文化和旅游公共服务全面融合、提档升级，努力提高公共服务效能。除呼和浩特外，还积极开发各市、县、旗的旅游资源，协调统筹呼包鄂、乌阿海满等重点旅游目的地和精品旅游线路建设，避免重复建设。同时加强地区间的协作，推动乡村旅游、红色旅游，深入实施“四季旅游”战略，大力推进全域旅游深入发展，重点打造草原旅游那达慕、冰雪旅游那达慕、蒙古族服装服饰、内蒙古味道嘉年华等知名旅游节庆品牌。

4. 以建设长城国家文化公园为契机，统筹协调多项国家重大宏观战略

内蒙古长城国家文化公园重点项目建设与西部大开发、沿黄经济带、“一带一路”、乡村振兴、文旅融合等多项国家宏观战略目标相吻合，从文化的角度提出多项创新建设举措，完善地构建起国家文化公园战略的文化复合廊道建设格局。内蒙古国家文化公园的战略思想以文旅融合、文化创新为发展思路，以高质量建设国家文化公园项目为带动力量，挖掘沿黄经济区的文化动能，整合优势资源和项目，贯彻国家宏观战略思想，从而

构筑起完整的内蒙古自治区发展框架。内蒙古自治区沿黄经济带，主要区域包括呼和浩特、包头、鄂尔多斯、乌海、巴彦淖尔和阿拉善左旗。以2018年为例，以呼包鄂为主的沿黄地区贡献了全区经济总量的65%，一般预算财政收入占比为49%。“通过推动沿黄经济带文化旅游生态走廊建设，构建生态型文化旅游产业体系，既能发挥各地比较优势，调动各盟市发展文化旅游产业的积极性、主动性、创造性，推动差异化、特色化发展，又能整合沿黄各盟市生态和文旅产业的要素资源，统一规划、协同发展。”[10]内蒙古地区是黄河文化带与长城文化带的交汇区，在中西部发展重点文旅项目，对于地方经济文化的发展有着重大意义。“在以内蒙古沿黄经济带文化旅游走廊建设为研究总框架下，应选取这一区域内最为典型、涵盖最广和最具文化价值的旅游资源为重心，而符合这一标准的旅游资源主要就是长城文化和村落文化。”[11]呼和浩特和包头地区的历史文化资源丰厚、生态治理力度大、产业基础好、市场需求旺盛，并且具有较大的人口比重，这些综合优势资源为长城国家文化公园的建设提供了有力保障。

三、数字工程助力长城国家文化公园建设

1. 长城国家文化公园投融资情况

2022年，内蒙古自治区认真落实国家关于文化保护传承利用工作要求，积极储备项目争取国家资金支持。年初，国家发展改革委下发《关于下达文化保护传承利用工程2022年第一批中央预算内投资计划的通知》，下达内蒙古自治区中央预算内投资3.6亿元，用以支持自治区发展改革委申报的内蒙古包头市黄河湿地国家文化公园等9个文化保护传承利用工程项目建设，其中“内蒙古包头市的黄河国家文化公园建设项目获8000万元、固阳秦长城国家文化公园建设项目获8000万元、包头市曲艺非物质文化遗

产建设项目获1600万元资金支持，共计1.76亿元，该项资金占自治区下达的资金总额48.9%”[12]。这笔中央下发的资金，包含了硬件与软件开发建设两方面内容。为推动全区公共文化服务体系更加完善，文化旅游融合高质量发展，内蒙古自治区文旅厅将在旅游、文物保护、非遗资金中拿出部分专项资金用于支持重点地区的长城文化公园建设，针对长城国家文化公园（小元峁段）项目，总投资达到1.4亿元，包括建设游客服务中心、索道、木栈道、民宿等内容，旨在以建设长城和黄河国家文化公园，实现保护传承利用、文化教育、公共服务、旅游观光、休闲娱乐、科学研究的目标。

2022年4月《内蒙古自治区2022年坚持稳中求进推动产业高质量发展政策清单》中，内蒙古自治区将安排不低于50亿元资金，加大公共服务基础设施补短板力度，支持文化保护传承利用及社会服务兜底等重大公共服务工程建设，重点要促进服务业提质提效，以加快旅游业复苏发展。具体内容如下：

①2000万元资金推动商贸餐饮住宿业恢复发展，如加快步行街改造提升，支持零售业创新转型，鼓励餐饮企业创新经营模式，支持构建数字化、智能化的新型酒店管理模式。

②1亿元资金支持重点旅游休闲城市、长城和黄河国家文化公园、品牌旅游景区等重大项目建设。

③4000万元资金对当年创建成功国家5A级旅游景区、国家级旅游度假区或列入备选名单的重点旅游项目、国家全域旅游示范区、国家级滑雪旅游度假地、国家级旅游休闲街区、国家级夜间文化和旅游消费集聚区给予一次性奖励。

④4500万元资金支持文化和旅游创意商品店、文化旅游创意商品开发、驻场精品旅游演艺、文化产业园区、文创和旅游商品大赛等项目，推动文化旅游商品创新。[13]

作为建设长城国家文化公园重点项目的呼和浩特市，2022年连续制定了《呼和浩特市打造“区域休闲度假中心”三年行动方案（2022—2024年）》以及《呼和浩特市建设“宜游”城市三年行动方案（2022—2024年）》的总体部署和规划。按照规划，呼和浩特市共配套谋划了105个项目，其中5000万元以上的重点项目41个，总投资498.39亿元，2022年计划投资85亿元；5000万元以下的建设项目19个，总投资4.45亿元，2022年计划投资2.22亿元。招商引资在谈项目45个，意向投资额为773.25亿元。其中，作为文物保护重点工作，呼和浩特市将重点实施和林格尔土城子国家考古遗址公园、大窑史前文化遗址公园、广化寺造像（石窟寺）项目，将在“十四五”期间推进丰州古城遗址公园、武川县坝顶祭祀遗址公园的建设，力争到2024年实现全市年接待游客达到5100万人次，旅游业综合年收入实现1100亿元，全市接待游客和旅游业综合收入年均增长10%以上，文化及相关产业增加值完成140亿元，增加值年均增长13%以上，增长率均高于全区平均水平。通过以上数据不难看出，内蒙古自治区对于大力发展本地区文化产业、复兴当地旅游产业、振兴地方经济和拉动消费的信心和决心，通过科学有效地管理和建设长城、黄河国家文化公园，推动内蒙古地区的高质量发展。

2. 构建数字公园体系，加强文化IP与文化产业的结合

长城国家文化公园的数字再现工程，包括几个方面的具体内容：“一是加强数字基础设施建设，逐步实现主题展示区无线网络和第五代移动通信网络全覆盖。二是搭建官方网站和数字云平台，对长城文物和文化资源进行数字化展示，打造永不落幕的网上空间。三是维护提升长城资源数字化管理平台，对接国家数据共享交换平台体系，推动长城遗产信息资源数据共享、合理利用。”[14] 这是长城国家公园建设保护规划文本中所明确提出的内容，主要指的是国家层面的建设内容，包括基础设施建设和5G技术的运用、长城资源的数据库建设、长城文化的展示平台、长城国家文化公

园的官方网站以及地方网站，推动长城国家文化公园数字共享和公共信息服务，推动数字图书馆、数字文化馆、智慧博物馆、智慧旅游建设，不断提升公共服务数字化水平。

数字旅游是文旅融合、旅游高质量发展的要素之一，具有明显的数字时代特征，长城国家文化公园内蒙古段的建设在推动文化旅游数字化建设目标方面也有所体现。内蒙古依托大数据平台，开发数字化产品和服务，目前已经建成了呼、包、鄂、乌四市的“一机游平台”，并实现了线上演播、博物馆展览展示、智慧景区系统等内容。5G技术已经在全区推广，并推动数字化信息系统建设，覆盖到全区所有A级景区和文化场馆。仅从完整度和保存状况等客观方面而言，内蒙古长城的现状并不理想，可转化利用的基础非常有限。基于现实的考量，应继续加强当代数字文化公园建设，开展线上和线下服务，利用好文化IP实现产业化，从而打造出永不落幕的互联网长城。

数字旅游包括依靠IP内容和传播流量内容，网红景点、网红导游、网红美食、社交旅行是数字时代旅游的新手段和新方式，这些能为旅游带来持续性、创造性的价值。在新型旅游业态中，5G技术、VR数字文旅、VR智能智造、流媒体、网红效应、旅游IP都已经成为常态化发展。旅游节、城市形象大使和文旅短视频大赛都是常见的网络宣传方式，为旅游目的地带来了巨大的线上和线下双流量。在国内大型的社交媒体平台上，常常可以看到各种自媒体人和民间旅游社团以及个人自制的各种短视频和宣传片、宣传图片、旅游图片。内蒙古自治区2021年官方旅游宣传片画面精美、民族色彩浓烈，所宣传的内容已经加入了可以充分展现内蒙古文化特色的乌兰牧骑、内蒙古博物院、阴山岩画、那达慕、鄂伦春族非遗等内容，但长城仍无迹可寻，解说词中也没有提及。

近年来内蒙古出现几个影响力较大的IP形象，有匪兔、焙子君、烧麦君、耶律小勇。“匪兔”是我国首个禁毒卡通IP形象，同时也是内蒙古打造的禁毒宣传员（见图6–2）。“烧麦君”和“焙子君”则取材于呼和浩特街头巷尾的民间小吃烧麦和焙子，这两种食品同时位列内蒙古地区的非物质文化遗产名录中，是当地著名的传统食品，具有独特的制作技艺，深受老百姓喜爱。创作者直言“希望做一组有温度有情感的文创产品，它们的样子应该是：讨喜的、有亲和力的，更重要的是它们要来自民间，来自生活，来自我们的身边。人和产品互相了解，相互感动。可以有故事讲，更可以让每个人都参与进来口述它们的历史。要充满人间烟火味，更要有一点辽阔远方的味道：这就是我们的‘烧麦君和焙子君’”[15]。烧麦君和焙子君还推出了两个系列文创作品，有同款主题表情包和周边文创产品。

图6–2　匪兔

“耶律小勇”是赤峰市政府精心打造的一个卡通动画形象，这个文旅IP非常亮眼（见图6–3）。2019年在北京“草原丝路 · 互联世界——赤峰市旅游形象IP发布会暨IP产业论坛”上，耶律小勇隆重推出，主要用于旅游宣传，是一个官方旅游IP。耶律小勇不但拥有形象、名字、语言，还具有鲜明的历史、文化和民族特征。这个IP形象拥有专属的系列产品，包括玩偶、动画短片、动漫小作品、歌曲、造型以及主题宣传活动，如少儿节目、少儿综艺、

图6–3　耶律小勇

同名文旅春晚、少儿比赛等内容。围绕耶律小勇IP主题开发的重大工程，包括讲述赤峰及契丹内容的系列动漫开发工程、线上博物馆开发工程，以及契丹字体进入中国字库的文化输出工程。耶律小勇的衍生作品，包括耶律小勇线上电影与院线专属电影，并基于该IP衍生出的主题乐园和主题小镇建设。耶律小勇作为赤峰全域旅游独一无二的文化符号，代言赤峰旅游商品，向国内外游客推广赤峰旅游，打造出赤峰特色鲜明的全域旅游品牌形象，为内蒙古文创产业吹响了启航的号角。

3. 文化产业的数字发展新格局

在"文化+数字""文化+金融""文化+旅游"等文化产业的创新发展模式里，文化产业的数字化发展是一个未来的风向标，与我国推行的创新驱动发展战略和现代新媒体产业的崛起有密切联系。内蒙古地区近年来狠抓技术创新，2019年，内蒙古文化创意设计服务业营业收入3.3亿元，比2018年增加1000万元，增长率为3.1%，占自治区规模以上文化产业企业总收入的8.7%。2020年，内蒙古科创中心（北京）在中关村成立，数字产业的发展又向前迈进了一大步。"互联网＋"的模式能够帮助沟通文化产业链上的重要节点，推动创新驱动力的全域实现。

伴随科技创新的不断进步，现代互联网技术改变了内蒙古文化产业的结构。内蒙古旅游逐步由单向融合转变为多维度发展和互融，鄂尔多斯的北方影视城、旅游演艺，如国家5A级景区成吉思汗陵旅游区的鄂尔多斯婚礼演艺、创意设计景区相继出现。内蒙古还举办了"内蒙古味道"国际蒙餐创意大赛和品牌发展峰会，突出"呼和浩特传统10味""赤峰12峰味"等12盟市美食IP主题，打造"内蒙古味道"，成为自治区文旅又一特色品牌。[16] 文创行业的创新扩大和引导文化与旅游消费，也刺激内蒙古的文化演出、展会、影视行业不断提升品质。例如内蒙古专属的乌兰牧骑，每年深入基层演出达到8000多场次，通过"网上乌兰牧骑"开展文艺直播7000余场次、政策宣讲3000余次、在线培训700余场次，获得一致赞誉。舞台艺术精品工程也创排了一批优秀的文艺作品。其中，民族歌剧《江格尔》等7部作品入选庆祝建党100周年舞台艺术精品创作工程，舞剧《草原英雄小姐妹》荣获第16届文华大奖，舞剧《骑兵》荣获第12届中国舞蹈“荷花奖”，124个项目获得国家艺术基金资助。动画片《巴拉根仓传奇》根据民间传说故事改编，并融入了蒙古族特有的长调和呼麦等非遗音乐元素，带有浓厚蒙古族文化。2010年，内蒙古自治区文化厅、库伦旗人民政府、北京太合炫娱文化发展有限公司联合投资的大型蒙古族歌舞剧《安代之恋》在全国上演。这部剧是由内蒙古科尔沁叙事民歌改编的第一部舞台剧，也是库伦旗对外宣传的一台经典剧目。内蒙古还推动精品演艺产品、文创产品和非遗产品与旅游景区挂钩，直接走进景区，以优秀的文化创意带来丰厚的经济效应，各类文艺团体驻场演出实现常态化管理。内蒙古艺术剧院出品的大型马舞剧《千古马颂》，累计演出351场，接待观众34万余人次，取得了良好的社会和经济效益，成为内蒙古独特的文化旅游品牌。

除此之外，对于海外市场的关注和文化输出的培育，也在有序进行中。内蒙古持续深化“一带一路”的文化和旅游交流合作，积极参加外交部的“欢乐春节”活动，在海外举办国际文化年活动，积极拓展和培育海外市场，实施文化走出去战略。利用举办各类活动，推进边境旅游试验区建设，大力提振入境旅游，进一步推动跨境旅游业发展。实施产业融合发展行动，不断提升文化和旅游产业发展质量和效益。深化文化和旅游与金融合作，推动设立旅游产业基金和旅游产权交易平台。推动实施一批具有标志性、引领性的重大产业项目，积极培育新型文化产业和旅游业态。要进一步加快引导全区传统文化产业转型升级步伐，着力发展基于互联网的新业态文化产业，实施“互联网+民族文化”行动，培育本土多媒体、动漫、网络游戏企业做大做强，充分利用互联网、VR技术，通过网络大力宣传全区特色文创产品和民族旅游产品，实现线上促线下、虚拟助现实的融通作用。

数字经济对于促进旅游文化产业快速发展具有实际意义。长城国家文化公园的数字文化园区是文化与旅游产业融合的新发展方向之一，包括公共文化服务、文化创作生产、文化资产汇聚内容。近年来，这一建设成就也相当显著。随着5G技术的不断成熟，国家文化公园正在将5G技术纳入总体规划和系统建设，共同推进数字复制项目。数字文化园区建设采用线上线下同时展示，实现远程联动。5G技术与AR在长城、大运河和长征数字公园建设中，实现了高效、有机结合。数字复制工程主要包括数字基础设施、在线显示平台和数据管理平台。长城国家企业文化公园的数字经济建设目前主要体现在展示空间与数据信息服务能力以及旅游导览方面。八达岭长城展区的球幕影院采用3D、VR、AR等技术，增强游客与长城的互动。此外，我们还可以看到不同时期长城分布图、不同时期长城分支分布图、不同省份长城名作图集，方便游客快速了解长城资源、保护管理、历史文化等相关信息。

长城数字文化公园建设包含长城资源数据库、长城资源信息技术系统，实现长城调查、认定、保护、管理等相关研究资料的综合和全面充分利用。而无人机、航拍、卫星影像、3D、VR、AR等高科技创新手段也在长城保护和利用中逐渐发挥越来越重要的作用。内蒙古自治区长城国家文化公园应具有地域文化特色，充分考虑该地区的历史、文化、艺术基因，与周边省份的长城国家文化公园保持一致、协调一致，相互借鉴，避免重复建设。长城作为一种历史文化遗产保留到今天，我们必须保护好它并使之继续传承下去。

四、结语

长城国家文化公园建设是一项系统工程，建设长城国家文化公园是内蒙古自治区深入贯彻落实习近平总书记关于发掘好、利用好丰富文物和文化资源，让文物说话、让历史说话、让文化说话，推动中华优秀传统文化创造性转化、创新性发展，传承革命文化、发展先进文化等一系列重要指示批示精神的重大举措，是国家重大文化工程。“在中国的大国发展进程中，前四十年我们注重中国的现代化进程，以经济建设为中心驱动国家发展并成为主要战略；在中国特色社会主义进入新时代以后，推动与国家发展适应的文化建设则应当成为这一时期和阶段的重要战略和目标，以进一步完善中国的国家发展模式，建构完整的、具有中国特色的、与国家经济和社会发展相互支撑和发展的新型文化发展范式；这一阶段中国文化发展最重要的特征在于文化保护，将‘上下五千年’存留下来的、优秀的物质文化遗产和非物质文化遗产实施最全面和科学的保护是中国新型文化空间建设的基础，是中国文化在全球层面获得文化认同的前提，是现代化和全球化进程中永葆中国文化鲜明个性的底色。”[17] 长城国家文化公园的建设，就是需要坚定不移深入贯彻习近平总书记重要指示和党中央决策部署，高标准高质量推进项目建设，加快文化旅游产业高质量发展，为建设社会主义文化强国贡献力量。

长城国家文化公园的建设也面临着一些制约因素。长城虽在空间上、形态上、模式上、文化上是连贯的整体结构，但实际上，长城各点段之间的交通流通难以形成连续性，跨区域联动更要受生态环境和经济条件等诸多方面的制约。“长城国家文化公园区域经济基础和生态基础均相对薄弱，经济社会发展程度较低，在未来的建设工作中，必须将区域的经济发展作为重要考量内容，实现保护工作与经济发展的相互促进。”[18] 而相比黄河文化带、大运河文化带而言，长城文化带上旅游发展的差异性表现得更为突出，“长城文化资源利用存在的问题是文化旅游资源的趋同性，文化创新转化不足，旅游资源配置方式尚缺优化；产业政策方面欠缺融合机制，产业发展路径单一”[19]。国家文化公园的建设现阶段仍存在一些困扰和问题，其中的建设资金更是一个难点，存在“资金缺口量大”“缺乏稳定的资金来源渠道”的实际困难。“与国外不同，我国国家文化公园建设资金采取的是中央和地方共担的方式。确定重点领域，采取项目制，中央政府提供一定的专项资金，地方政府提供配套资金。地方仍然是项目建设资金的主要承担方。由于国家文化公园多数地处中西部，这些地区经济发展水平不高，大都属于‘吃饭财政’，加上受疫情影响，筹措资金能力严重不足，不少地方只能靠举债上项目，增加了当地的财政压力。”[20]

中西部地区经济发展相对滞后，国家文化公园如此庞大的建设内容，仅靠地方财政难以为继。因此，地处中西部的内蒙古，其长城国家文化公园的建设经验和经营模式尤为可贵。内蒙古采取的是“务实”模式，建设长城国家文化公园的经验主要集中于五个方面：首先是机构设置和管理调整；其次是加快推进国家文化公园文化产业与旅游产业的环境配套、产业融合方面的工作进度；再次是对于长城以及黄河国家文化公园的各类文化资源展开深入挖掘和研究，加大宣传力度，让国家文化公园深入人心；复次是加强地区性战略间的统筹规划和调整，将西部大开发、乡村振兴等战略融合到国家文化公园的建设中来；最后是拓展新思路，探索建立科学高效的国家文化公园投融资机制，保障国家文化公园的高质量建设和完成。

其中，重点加强了三个方面的内容建设：①加强对长城的管控保护，加快基础设施建设，明确社会责任，壮大保护力量，将长城保护放在第一位。从目前的情况看，保护工程和环保工程处于前列，长城沿线无论是经济发达地区还是经济欠发达地区，改造保护工程都已到位。②集中区内优势资源，做大做强重点项目建设，夯实基础。以呼包鄂为重点，开发旅游线路，有序推进长城航拍、长城鸟瞰图旅游项目，长城沿线草原、沙漠和戈壁自然风光旅游线路建设，加大投入，迎接疫情防控常态化时期地方旅游爆发式的增长。③深入挖掘历史、文化、艺术、非遗资源，讲好长城故事，加强文化产业、文化IP建设。和中原农耕民族一样，北方众多游牧民族也是我们中国社会历史的书写者。似乎阻隔南北的长城，却成了漫长互动与融合过程中的纽带和见证，诉说着边疆岁月。曾经生活在内蒙古的游牧民族有着悠久的民族历史，创造了自己的宗教信仰、语言和文字。长城和长城国家文化公园的研究不应局限于汉民族的视角，而应将少数民族和北方游牧民族纳入整体考虑。

通过对内蒙古长城国家文化公园建设的深入考察，笔者认为内蒙古国家文化公园建设模式可以继续朝数字化发展方向进行探索和发展，尝试以多视角、多维度、多元化的数字文化公园阐释模式为发展方向之一。目前该项目在数字建设上仍存在的几个问题。①数字技术的强大作用未能完全发挥出来。对长城的保护修缮管理，我国多年来已经摸索形成了一系列规范和措施，陆续出台了一批长城维修保护制度及规范。可是这些措施中，没有强调和突出数字技术的开发、利用，数字技术的特殊用途和巨大作用目前没有得到有效的发挥。像长城这样伟大的文化遗产，既是各个专门学科的工作对象，也是社会教育、娱乐、旅游的资源。然而，时空上的悠长与广大，无论是对于专门学科的田野考察、文献梳理，还是社会层面的把握与赋义，都造成了障碍。对于具有如此规模的对象的意象之表达，必然要借助于媒介，但长城分布在时空之中的内容，是如此之浩瀚，以至于哪怕依托现代化的工具，今天的参观者依旧难以做到在短时间内把握全貌。②长城国家文化公园建设的综合性和整体性仍有所欠缺。长城的修复和重建不是长城国家文化公园建设的唯一重点。基于这些现状，对于长城国家文化公园内蒙古段涉及的修复和重建等工作，应该更有针对性，采取适当的措施，在可能修复的地方进行重点恢复，对于条件不允许的地方，就不宜浪费资源进行修复和重建。对于那些价值突出或与重大历史事件有密切联系的，可在严格保护其原有形制、原有结构的基础上，适当进行局部修复后再进行展示，在其过程中应充分利用和强化先进虚拟技术以及数字技术的作用。敦煌莫高窟、故宫博物院等机构对此已经做出了有效的尝试，其显著成效值得借鉴。③对独特文化IP的挖掘和创作以及数字产业发展趋势的把握力度不够。数字技术的应用领域已经走到5G时代，但是数字技术的开发领域却远在6G信息技术范围内。与此同时，全球NFT数字化藏品的热潮也不断对文化IP创新提出要求。国家博物馆、故宫博物院、敦煌博物馆都相继推出了专属的NFT数字藏品系列。数字藏品可以花费较小的投入，将文物、文创产品的内涵转化出较大的社会效益和经济收益。国家文化公园作为一项顶层设计的文化强国战略，不能忽视这些未来的趋势，可以考虑开发以内蒙古为标识的长城国家文化公园元宇宙产品以及系列NFT数字藏品。

长城作为线性遗产，既有物质文化遗产的部分，也有非物质文化遗产的部分；既有不可移动的内容，也有可移动的内容；既有实在层面的观照，也有精神层面的阐发。边疆地区的历史、古代民族迁徙的历史、宗教传播的历史，甚至高原及沙漠、草原地区自然环境变迁的研究，都具有重要价值。内蒙古地区的长城遗址所包含的这些丰富的历史文化内涵，不应该被淹没在历史的黄沙之中，长城的价值和意义并非孤立的，而是与自然山川、地质地貌、人文、历史以及艺术密切相关的。长城国家文化公园的开发和建设，就是要牢牢把握住上述内容，借助科技的进步，跨越历史的鸿沟、弥补自然留下的缺陷，传承古代文明和智慧，创新发展出属于当代的文化和价值。

●注释

①《中华人民共和国国民经济和社会发展第十四个五年规划和2035年远景目标纲要》。

②本章表格数据均来自内蒙古自治区统计局。

③李金锴：《内蒙古旅游产业与文化产业耦合发展研究》，内蒙古财经大学2019年硕士学位论文。

④《长城、大运河、长征国家文化公园建设方案》。

⑤《长城国家文化公园建设保护规划》（2020—2023）。

⑥http://www.whcccco.org/view-846.html。

⑦《习近平总书记在中央民族工作会议上的讲话》，2014年9月28日，https://www.ccps.gov.cn/xtt/202108/t20210825_150266.shtml?from=groupmessage&ivk_sa=1025922x。

⑧《内蒙古自治区长城国家文化公园建设领导小组办公室召开长城国家文化公园建设工作推进会议》，2021年4月1日，https://www.mct.gov.cn/whzx/qgwhxxlb/nmg/202104/t20210401_923477.htm。

⑨《内蒙古积极推进长城国家文化公园建设》，http://www.nmgwhcy.org.cn/information/nmg_whcy0/msg22171689.html。

⑩张志栋：《建设内蒙古黄河流域文旅生态走廊的战略构想》，《理论研究》2020年第8期。

⑪翟禹：《内蒙古沿黄经济带文化旅游走廊的理论构建》，《赤峰学院学报》2020年第4期。

⑫《关于下达文化保护传承利用工程2022年第一批中央预算内投资计划的通知》（发改投资〔2022〕347号）。

⑬《内蒙古稳中求进支持文化和旅游高质量发展》，https://www.mct.gov.cn/whzx/qgwhxxlb/nmg/202204/t20220419_932536.htm。

⑭《长城国家文化公园建设保护规划（2020—2023）》。

⑮ http://grassland.china.com.cn/2019-01/03/content_40633152.html。

⑯ http://als.nmgnews.com.cn/system/2021/11/25/013227526.shtml。

⑰ 把多勋：《河西走廊：中国新型文化空间的构建》，《甘肃社会科学》2021年第1期。

⑱ 孙嘉渊：《跨区域国家级文化工程机遇下区域经济发展对策研究——以长城国家文化公园为例》，《现代商业》2021年第8期。

⑲ 付瑞红：《国家文化公园建设的“文化+”产业融合政策创新研究》，《经济问题》2021年第4期。

⑳ 祁述裕：《国家文化公园建设的现状、问题和展望》，为2022年5月10日民进中央开明文化论坛（扬州）上的主题演讲。

参考文献

1. 韩子勇主编：《黄河、长城、大运河、长征论纲》，文化艺术出版社2021年版。

2. 宋蒙、高琰鑫编：《国家文化公园建设研究》，文化艺术出版社2021年版。

3. [美]费孝通主编：《中华民族多元一体格局》，中央民族学院出版社1999年版。

4. 内蒙古自治区文物考古研究所编著：《内蒙古自治区长城资源调查报告·战国赵北长城卷》，文物出版社2018年版。

5. 内蒙古自治区文化厅（文物局）、内蒙古自治区文物考古研究所编著：《内蒙古自治区长城资源调查报告·鄂尔多斯—乌海卷》，文物出版社2016年版。

6. 内蒙古自治区文化厅（文物局）、内蒙古自治区文物考古研究所编著：《内蒙古自治区长城资源调查报告·阿拉善卷》，文物出版社2016年版。

7. 内蒙古自治区文化厅（文物局）、内蒙古自治区文物考古研究所编著：《内蒙古自治区长城资源调查报告·东南部战国秦汉长城卷》，文物出版社2016年版。

8. 内蒙古自治区文物考古研究所、内蒙古博物院、托克托博物馆编：《云中典藏·托克托博物馆馆藏文物精华》，文物出版社2020年版。

9. 《史记·匈奴列传》，《史记》卷一百一十，中华书局2013年版。

10.《史记·蒙恬列传》，《史记》卷八十八，中华书局2013年版。

11.《后汉书·乌桓鲜卑列传》，《后汉书》卷九十，中华书局2000年版。

12.《木兰辞》，《乐府诗集》，中华书局1979年版。

13.《北史·蠕蠕传》，《北史》卷十四，中华书局1974年版。

14.《胡笳十八拍》，《楚辞集注·后语》，上海古籍出版社1979年版。

15.[英]斯蒂芬·威廉斯、[美]刘德龄著，张凌云译：《旅游地理学：地域、空间和体验的批判性解读》，商务印书馆2018年版。

16.[德]格罗塞：《艺术的起源》，商务印书馆1984年版。

17.[英]贡布里希：《艺术发展史》，天津人民美术出版社2006年版。

18.[英]理查德·沙普利：《旅游社会学》，商务印书馆2018年版。

19.[英]约翰·特赖布编：《旅游哲学：从现象到本质》，商务印书馆2019年版。

20.[法]福柯：《知识考古学》，生活·读书·新知三联书店2003 年版。

21.[澳]沃里克·弗罗斯特、[新西兰]C.迈克尔·霍尔编著：《旅游与国家公园——发展、历史与演进的国际视野》，商务印书馆2014年版。

22.田立坤：《4—6世纪的北中国与欧亚大陆》，科学出版社2005年版。

23.朱锡禄编著:《嘉祥汉画像石》，山东美术出版社1992年版。

24.孙建华，杨星宇:《大辽公主——陈国公主墓发掘纪实》，内蒙古大学出版社2006年版。

25.万绳楠整理:《陈寅恪：魏晋南北朝史讲演录》，黄山书社2000年版。

26.吕一飞：《北朝鲜卑文化之历史作用》，黄山书社1992年版。

27.巴图吉日嘎拉、杨海英：《阿尔寨石窟——成吉思汗的佛教纪念堂兴衰史》，风响社2005年版。

28.《多桑蒙古史》，内蒙古人民出版社1990年版。

29.金维诺、罗世平：《中国宗教美术史》，江西美术出版社1997年版。

30.郭物：《马背上的信仰——欧亚草原动物风格艺术》，人民美术出版社2005年版。

31. [蒙古]罗・达希尼玛：《蒙古地区历史文化遗迹》，内蒙古人民出版社2004年版。

32. 刘毓庆，李蹊译注：《诗经》，中华书局2011年版。

33. 巴雅尔：《蒙古秘史》，内蒙古人民出版社2012年版。

34. 保继刚等：《主题公园研究》，科学出版社2015年版。

35. 龚箭、胡静、谢双玉：《2021中国旅游业发展报告》，中国旅游出版社2021年版。

36. 钟栎娜、李群、信宏业编著：《中国文化与旅游产业发展大数据报告（2021）》，中国社会科学文献出版社2021年版。

37. 唐燕、[德]克劳斯・昆兹曼：《文化、创意产业与城市更新》，清华大学出版社2016年版。

38. 李如生：《美国国家公园管理体制》，中国建筑工业出版社2005年版。

39. [美]约翰・缪尔：《我们的国家公园》，吉林人民出版社1999年版。

40. [美]理查德・福特斯等：《美国国家公园》，中国轻工业出版社2003年版。

41. 国家林业局森林公园管理办公室、中南林业科技大学旅游学院：《国家公园体制比较研究》，中国林业出版社2015年版。

42. 王健、王明德、孙煜：《大运河国家文化公园建设的理论与实践》，《江南大学学报（人文社会科学版）》2019年第9期。

43. 胡一峰：《充分发掘三大国家文化公园建设的艺术价值和精神内涵》，《中国艺术报》2019年12月9日。

44. 龚良：《大运河：从文化景观遗产到国家文化公园》，《群众》2019年第24期。

45. 赵逵夫：《“夸父逐日”神话的历史文化内涵》，《文学遗产》2020

年第5期。

46. 陈育宁：《鄂尔多斯史论集》，宁夏人民出版社2002年版。

47. 刘庆余：《世界遗产视野下的线性文化遗产旅游合作研究——以京杭大运河为例》，中国经济出版社2016年版。

48. 苏明明：《依长城而居：世界遗产地旅游发展与遗产保护》，世界图书出版广东有限公司2013年版。

49. 阿木尔巴图：《蒙古族美术研究》，民族出版社1997年版。

50. 哈斯额尔敦：《阿尔寨石窟回鹘蒙文榜题概述》，《内蒙古师范大学学报》1990年第12期。

51. 丹森：《阿尔寨石窟佛教文化遗址概述》，《内蒙古社会科学（文史哲版）》1991年第6期。

52. 张玉钧：《国家公园理念中国化的探索》，《学术前沿》2022年第2期。

53. 周泓洋、王粟：《国家文化公园投融资机制研究》，《文化月刊》2022年第4期。

54. 常江、田浩：《间性的消逝：流媒体与数字时代的视听文化生态》，《西南民族大学学报（人文社会科学版）》2021年第12 期。

55. 宋蒙：《AR技术与数字公园建设》，《教育传媒研究》2021年第6期。

56. 赵云、赵荣：《中国国家文化公园价值研究：实现过程与评估框架》，《东南文化》2020年第4期。

57. 钱穆：《中国文化史导论》，上海三联书店1988年版。

58. 彭兆荣：《文化公园：一种工具理性的实践与实验》，《民族艺术》2021年第3期。

59. 陈连开：《关于中华民族结构的学术新体系——中华民族多元一体格局理论的评述》，《民族研究》1992年第6期。

60. 丁德科：《略论中国古代的大一统思想》，《西北大学学报（哲学社会科学版）》2000年第3期。
61. 赵世林：《论民族的内聚力和互聚力》，《四川大学学报（哲学社会科学版）》2001年第1期。
62. 秦殿才：《论中华民族的统一性与多源性》，《内蒙古社会科学（文史哲版）》1991年第4期。
63. 何明：《论中华民族精神的多元结构系统性》，《云南师范大学学报（哲学社会科学版）》1993年第2期。
64. 王玉希、白彩霞：《论中华民族文化的统一性与多元性》，《内蒙古社会科学（文史哲版）》1990年第3期。
65. 萧君和：《论中华民族族体的成因》，《中央民族大学学报》1998年第4期。
66. 陈连开：《论中华文明起源及其早期发展的基本特点》，《中央民族大学学报》2000年第5期。
67. 桑德诺瓦：《中华民族多元音乐格局、定型与变型的若干历史提要——兼论兄弟民族对中华民族多元音乐格局形成的历史贡献》，《民族艺术研究》1999年第3期。
68. 秦平：《中华民族及其民族精神之我见》，《云南师范大学学报（哲学社会科学版）》1992年第3期。
69. 张晓菲：《中华民族文化精神导扬论》，《史学月刊》1993年第3期。
70. 陈连开：《中华民族之含义及形成史的分期》，《社会科学战线》1996年第4期。
71. 马戎：《重建中华民族多元一体格局的新的历史条件》，《北京大学学报（哲学社会科学版）》1989年第4期。
72. 周建新：《关于“中华民族”称谓的思考》，《贵州民族研究》2000年第3期。

73. 陈望衡：《史前中华民族的人天关系观——上古神话及史前出土文物的哲学解读》，《江海学刊》2016年第2期。

74. 朱存世、李芳：《试析青铜时代贺兰山、北山岩画与欧亚草原丝绸之路的关系——兼论欧亚草原丝绸之路的东段走向》，《宁夏社会科学》2001年第3期。

75. 蔚东英：《国家公园管理体制的国别比较研究——以美国、加拿大、德国、英国、新西兰、南非、法国、俄罗斯、韩国、日本10个国家为例》，《南京林业大学学报（人文社会科学版）》2017年第3期。

76. 朱华晟、陈婉婧、任灵芝：《美国国家公园的管理体制》，《城市问题》2013 年第5期。

77. 石静霞：《区域贸易协定（RTAs）中的文化条款研究：基于自由贸易与文化多样性角度》，《经贸法律评论》2018年第12期。

78. 徐佳：《全球典型主题乐园发展态势》，《竞争情报》2018年第2期。

79. 刘伯英：《美国国家公园保护体系中的工业遗产保护》，《工业建筑》2019年第7期。

80. 王辉、杜娟：《国家公园自然与文化结合表现梳理及借鉴》，《大连民族大学学报》2019年第11期。

81. 赵晓铭、孟醒：《欧洲主要国家现代城市公园发展动态与经验借鉴》，《中国园林》2013年第12期。

82. 费宝仓：《美国国家公园体系管理体制研究》，《经济经纬》2003年第7期。

83. 钟晟：《欧盟“创意欧洲”文化政策及其意涵》，《中国文化产业评论》2019年第5期。

84. 奚雪松、陈琳：《美国伊利运河国家遗产廊道的保护与可持续利用方法及其启示》，《国际城市规划》2013年第4期。

85. 田世政、杨桂华：《中国国家公园发展的路径选择: 国际经验与案例研究》，《中国软科学》2011年第12期。
86. 王应临、杨锐、[德]埃卡特·兰格：《英国国家公园管理体系评述》，《中国园林》2013年第9期。
87. 许浩：《日本国立公园发展、体系与特点》，《世界林业研究》2013年第6期。
88. 王永生：《取之有道，用得其所——国外国家公园经费来源与使用》，《西部资源》2010年第1期。
89. 邹统钎等：《国家文化公园管理模式的国际经验借鉴》，《中国旅游报》2019年11月5日。
90. 郭萍、李大伟：《美国国家公园土地政策及其对中国不可移动文物土地问题的启示》，《沈阳工业大学学报（社会科学版）》2014年第11期。
91. 雷蕾、李骊明：《国家文化公园开发与陕西大遗产资源》，《西部大开发》2019年第6期。
92. 夏锦文：《建设国家文化公园 促进沿运城市协调发展》，《群众》2020年第1期。
93. 张曼、汤羽扬、刘昭祎、袁淋溪：《长城国家文化公园:重塑建成环境与公众健康的关系》，《北京规划建设》2020年第7期。
94. 罗元涛：《打造国家文化公园建设样板》，《贵州民族报》2020年6月5日。
95. 张云路、高宇、李雄、吴雪：《习近平生态文明思想指引下的公园城市建设路径》，《中国城市林业》2020年第6期。
96. 甄自明、乌日罕：《“鸡鸣三省”之地鄂尔多斯：黄河文化、长城文化与草原文化的交融》，《河北地质大学学报》2020年第4期。
97. 孙运锋：《实施国家战略 打造幸福之河——学习习近平总书记黄河流域生态保护和高质量发展座谈会重要讲话精神的几点体会》，《河南水利与南水北调》2020年第1期。
98．程有为：《中原地区与中原文化简论》，《地域文化研究》2020年第1期。
99．刘成纪：《中国美学与传统国家地理》，《社会科学战线》2020年第1期。
100．艾斐：《加强黄河生态治理，实现民族伟大复兴》，《支部建设》2020年第1期。
101．韩志丹：《关于传承与弘扬中华文化之“根”与“魂”的路径探析——以宁夏地区为例》，《改革与开放》2019年第12期。
102．李玲玲：《先秦族群迁徙融合与华夏文明进程研究》，《郑州大学学报（哲学社会科学版）》2019年第11期。
103．段友文：《论山陕豫黄河金三角区域神话传说与民族精神》，《山西大学学报（哲学社会科学版）》2019年第5期。
104．姚中秋：《一阴一阳之谓中国——中国文明演进动力之文化地理分析》，《西南民族大学学报（人文社会科学版）》2019年第7期。
105．尹全海：《中原学的地域性与开放性》，《河南社会科学》2019年第7期。
106．李玉福：《“美术考古”视域下的黄河文化旅游品牌建设——以沿河艺术遗存为例》，《文化产业》2019年第6期。
107．吴丽云：《长城国家文化公园建设应强化五项内容》，《中国旅游报》2020年1月13日。
108．范周：《国家文化公园建设塑造公共文化服务新标识》，《中国文化报》2018年6月26日。
109．李婷、王斯敏、蒋新军、成亚倩、焦德武：《长城国家文化公园怎么建》，《光明日报》2019年10月9日。
110．李宏宇：《河北长城国家文化公园建设与乡村振兴融合路径研究》，《农村经济与科技》2021年第10期。

111. 孙嘉渊：《跨区域国家级文化工程机遇下区域经济发展对策研究——以长城国家文化公园为例》，《现代商业》2021年第8期。

112. 白翠玲、武笑玺、牟丽君、李开霁：《长城国家文化公园（河北段）管理体制研究》，《河北地质大学学报》2021年第4期。

113. 徐缘、侯丽艳：《长城国家文化公园管理体制探究》，《河北地质大学学报》2021年第8期。

114. 李国庆、鲁超、郭艳：《河北省长城国家文化公园建设与区域旅游融合创新发展研究》，《唐山师范学院学报》2021年第5期。

115. 牛明会、潘秀昀、柴维、贾文广、戎建涛：《河北文旅资源与长城国家文化公园建设深度融合策略研究》，《当代旅游》2021年第4期。

116. 苑潇卜：《长城国家文化公园（河北段）建设中非遗传承保护和发展利用研究》，《旅游纵览》2021年第1期。

117. 黄璜：《依托国家文化公园建设推进长城红色旅游发展》，《中国旅游评论》2021年第6期。

118. 董耀会：《建设长城经济带，创新发展内生经济——兼论长城茶马互市交流模式的应用》，《河北地质大学学报》2017年第4期。

119. 付瑞红：《国家文化公园建设的“文化+”产业融合政策创新研究》，《经济问题》2021年第4期。

120. Foucault, *Madness and Civilization: a History of Insanity in the Age of Reason*, Vintage, 1965.

121. Hubert L. Dreyfus and Paul Rabinow, *Michel Foucault:Beyond Structuralism and Hermeneutics,* Chicago : University of Chicago Press,1982.

122. FLINK C. A. and SEARNS R. M., *Greenways,* Washington: Island

Press, 1993.

123. Foucault, *The Order of Things: An Archaeology of the Human Sciences,* Routledge, 1989.

124. Mark Gibson, *Culture and Power: A History of Cultural Studies,* Oxford: Berg, 2007.

125. Chris Barker, *Television, Globalization and Cultural Identities,* Bukingham: Open University Press, 1999.

126. P. Anderson, "Components of the National Culture", *New Left Review,* 1968, 50.

127. Stuart Hall, *Cultural Studies and Its Theoretical Legacies*, New York and London: R outledge, 1992.

128. Stuart Hall, *The Spectacle of the Other,* London: Sage, 1997.

129. Terry Eagleton, *The Idea of Culture,* Malden, MA: Wiley—Blackwell, 2000.

130. Hamin M. E. , "He US National Park Service' s Partnership Parks: Collaborative Responses to Middle Landscapes", *Land Use Policy,* 2001 (18).

131. David Pettebone et al., "Modeling Visitor Use on High Elevation Mountain Trails: An Example from Longs Peak in Rocky Mountain National Park, USA", *Journal of Mountain Science*, 2019,12(15).

132. "Ecology; Research on Ecology Detailed by Researchers at Sichuan Agricultural University (Protection and Enlightenment of Ecological Integrity of Canadian National Parks)", *Science Letter*, 2019,12(13) .

133. Stefan Nickel and Winfried Schröder and Barbara Völksen, "Validating the Map of Current Semi-natural Ecosystem Types in Germany and Their Upscaling Using the Kellerwald-Edersee National Park as an Example",

Springer journal，2019，12(10).

134. Jae-Pyoung Yu and Gi-Chang Bing and Wan-Byung Kim， “A study on the Variation of the Avifauna in Gyeongju National Park, Korea” , *Journal of Asia-Pacific Biodiversity*, 2019，12(1).

135. Bishop G. A. and Morris A. J. and Stedman H. D., “Snowmobile Contributions to Mobile Source Emissions in Yellowstone National Park” , *Environmental Science, Technology,* 2001(14).

136. Young T. False， “Cheap and Degraded: When History，Economy and Environment Collided at Cades Cove，Great Smoky Mountains National Park” , *Journal of Historical Geography*，2006(1) .

137. Miller P. N. , “US National Parks and Management of Park Soundscapes: a Review” , *Applied Acoustics,* 2008(69) .

后　记

本书的写作源于2019年中国艺术研究院的“国家文化公园建设研究”院级课题，我有幸成为研究团队中的一员，自此参与这项全新的研究工作，并亲眼见证了这一项国家重大文化战略从顶层设计到贯彻落实的伟大过程，感慨良多！历经了几年的艰苦摸索，针对国家文化公园建设的一点思考和想法终于集结成稿，在此要特别感谢各位领导、专家、友人以及家人们的支持和鼓励。书中疏漏和欠妥之处，敬请见谅！

宋　蒙

2022年初夏于北京